张伏中◎著

生态文明 示范创建

——湖南探索与实践

湘潭大学出版社

图书在版编目（CIP）数据

生态文明示范创建：湖南探索与实践 / 张伏中著
. -- 湘潭 ：湘潭大学出版社，2021.12
　ISBN 978-7-5687-0666-7

　Ⅰ．①生… Ⅱ．①张… Ⅲ．①生态环境建设－研究－
湖南 Ⅳ．① X321.264

中国版本图书馆 CIP 数据核字（2021）第 237895 号

生态文明示范创建 ：湖南探索与实践
SHENGTAI WENMING SHIFAN CHUANGJIAN:HUNAN TANSUO YU SHIJIAN

张伏中 著

责任编辑：刘禹岐　张宝香
封面设计：欧　阳
出版发行：湘潭大学出版社
社　　址：湖南省湘潭大学工程训练大楼
电　　话：0731-58298960 0731-58298966（传真）
邮　　编：411105
网　　址：http://press.xtu.edu.cn/
印　　刷：长沙泰宇文化传播有限公司
经　　销：湖南省新华书店
开　　本：787 mm×1092 mm 1/16
印　　张：10
字　　数：140 千字
版　　次：2021 年 12 月第 1 版
印　　次：2022 年 3 月第 1 次印刷
书　　号：ISBN 978-7-5687-0666-7
定　　价：49.00 元

目 录 | contents

第2章 中国生态文明建设的演进与湖南实践

第 5 章　湖南省生态文明示范创建的典型模式

第 6 章　湖南省生态文明建设示范市县建设指标分析与探讨

第二部分　案例报告

第一部分 / 研究报告

第1章
生态文明建设的理论探析

1.1 生态文明建设的内涵

1.1.1 生态文明的定义

生态文明思想是融合了生态哲学、生态伦理学、生态经济学、生态现代化理论的思想发展而来的，是符合社会发展规律的重要人类文化发展的成果。对于"生态文明"的探讨，不同学者基于专业学识对生态文明的定义从不同角度给予了阐释。1987年，叶谦吉教授最早明确提出生态文明的定义，认为生态文明就是人类既获利于自然，又返利于自然，在改造自然的同时又保护自然，人和自然之间保持和谐统一的关系。刘延春认为，生态文明是指人们在改造客观物质世界的同时不断克服和优化人与自然的关系，建设有序的生态运行机制和良好的生态环境，所取得的物质、精神、制度方面成果的总和，它包括环境生态意识和生态制度。申曙光认为，生态文明是在生产和生活中遵循生态学原理，谋求人与自然和谐相处、协调发展的关系。潘岳认为，生态文明是社会主义文明体系的立足点，是社会主义基本原则的体现，只有社会主义才会自觉承担起改善与保护全球生态环境的责任。牛文元认为，生态文明特别强调了发展的绿色性、进步性、正向性以及关联到自然—社会—经济的复合性，揭示了"发展、协调、持续"多维系统的运行本质，反映了"动力、质量、公平"的有机统一，规定了"和谐、有序、理性"公平正义的人文环境。廖福霖教授则认为,生态文明的概念可从广义和狭义两方面来谈:广义的生态文明是指人类充分发挥主观能动性,遵循自然—人—社会复合生态系统运行的客观规律,使之和谐协调、共生共荣、共同发展的一种社会文明形态,包括物质文明、精神文明、政治文明和社会文明以及狭义上的生态文明,它相对于原始文明、农业文明、工业文明;狭义的生态文明则指人与自然和谐协调发展的文明形式。

综合目前出现的对生态文明的定义,大致从以下四个角度阐述:第一、生态文明是继原始文明、农业文明、工业文明后的新发展阶段;第二、生态文明是继物质文明、精神文明、政治文明之后的第四种新社会文明;第三、生态文明是在工业文明已经取得成果的基础上,改善与优化人与自然的关系的发展理念;第四、生态文明是社会主义的本质属性,只有社会主义才能真正地解决社会公平问题,从而在根本上解决环境公平问题。可见,国内学术界没有对生态文明的定义达成统一的共识。

2003 年,中共中央、国务院明确提出"建设山川秀美的生态文明社会",这是党和国家第一次把生态建设提升至生态文明社会的高度。2007 年,党的十七大报告"实现全面建设小康社会奋斗目标的新要求"中,提出"建设生态文明,基本形成节约能源资源和保护生态环境的产业结构、增长方式、消费模式"。这是党中央第一次在正式公开文件中明确"生态文明"的概念,强调人与自然和谐相处。2012 年,党的十八大报告指出"要把生态文明建设放在突出地位,融入经济建设、政治建设、文化建设、社会建设各方面和全过程,努力建设美丽中国,实现中华民族永续发展"。2015 年,党的十八届五中全会中提出了"新创、协调、绿色、开放、共享"五大发展理念,奠定了我国今后经济发展模式和发展理念:将以绿色、低碳、循环为主线。2017 年,党的十九大报告中提出"加快生态文明体制改革,建设美丽中国",进一步昭示了以习近平同志为核心的党中央加强生态文明建设的意志和决心。2021 年，十三届全国人大四次会议中提出"完善生态文明领域统筹协调机制，构建生态文明体系，推动经济社会发展全面绿色转型，建设美丽中国"，生态文明建设实现新进步。

表 1.1　在中国政策文件中的生态文明概念

时间	文件	内容	重要性
2003 年	关于加快林业发展的决定	建设山川秀美的生态文明社会	生态建设提升至生态文明社会的高度
2007 年	中国共产党十七大报告	提出了实现全面建设小康社会奋斗目标的新要求，其中，要"建设生态文明，基本形成节约能源资源和保护生态环境的产业结构、增长方式、消费模式"	首次明确提出生态文明的概念，强调建立人与自然和谐相处关系
2012 年	中国共产党十八大报告	首提"美丽中国"理念，把生态文明建设纳入"五位一体"总体布局	标志生态文明建设迈向新时代
2015 年	国民经济和社会发展第十三个五年规划纲要	提出了绿色发展理念，奠定了我国今后经济发展模式和发展理念：将以绿色、低碳、循环为主线	生态文明将引领经济发展
2017 年	中国共产党十九大报告	提出"加快生态文明体制改革，建设美丽中国"	加强生态文明建设的意志和决心
2021 年	国民经济和社会发展第十四个五年规划和2035 年远景目标纲要	提出完善生态文明领域统筹协调机制，构建生态文明体系，推动经济社会发展全面绿色转型，建设美丽中国	生态文明建设实现新进步

2003 年以来，从树立生态文明观念、纳入社会主义总体布局、绿色发展理念到加快生态文明体制改革，党中央将生态文明从理念上升至战略布局，更加准确地表述生态文明建设，明确其核心是"坚持人与自然和谐共生""坚定走生产发展、生活富裕、生态良好的文明发展道路"。本书立足人与自然和谐发展的观点，吸收党中央对"生态文明"科学的阐释，认为生态文明是人类为保护和建设美好生态环境而取得的物质成果、精神成果和制度成果的总和，是贯穿于经济建设、政治建设、文化建设、社会建设全过程和各方面的系统工程，反映了一个社会的文明进步状态。

1.1.2 生态文明建设的基本内涵

生态文明建设的总体要求是必须树立尊重自然、顺应自然、保护自然的生态文明理念，把生态文明建设放在突出地位，融入经济建设、政治建设、文化建设、社会建设各方面和全过程，努力建设美丽中国，实现中华民族永续发展。生态文明建设的重点任务是加快建立生态文明制度，健全国土空间开发、资源节约、生态环境保护的体制机制，推动形成人与自然和谐发展现代化建设新格局。

首先，生态文明建设必须按照生态的尺度进行生产。这里面包括两层含义：其一，必须按照生态系统及生态系统中每一个物种的尺度进行生产。因为任何一个物种都有其内在的运动、变化、发展的规律，只有按这种客观规律办事，实践活动才有可能获得成功。其二，尊重生态，爱护生态。作为从事对象性活动的人，他真正以人的态度对待对象，把作为对象的人作为真正的自由的人，也把自然界、生态看作人，承认、尊重保护生态、物种的生存、发展的权利。同时，还把人看作是生态系统中的一个环节，用生态的眼光来审视、规划人的生存、发展和自由，使具有生物属性的人以更加符合生态规律的方式生存、活动。

其次，生态文明建设必须把人的内在尺度运用到对象上。马克思、恩格斯在《德意志意识形态》中指出：人是历史的第一个前提。没有人、没有人的劳动则没有人类历史，从而也不可能有我们所说的生态文明及其建设活动。因此，处处都把人的内在尺度运用到对象上去是生态文明建设的内在规定。把人的内在尺度运用到对象上去这一原则告诉我们，虽然，一方面，我们把生态系统及其物种看作有权利的"主体""目的"，但另一方面，我们同时又必须把它们看作是手段、工具，看作是实现人的自由的手段，使人类改造世界的实践活动成为实现人类自由的活动。

最后，生态文明建设按生态的尺度进行生产与处处都把人的内在尺度运用到对象上去的两原则是辩证统一的。人类实践活动既不能不按照物种运动变化的客观规律展开，又不能不把人的内在尺度运用到对象上去；同样，这种实践活动又不能仅仅按照生物物种的尺度或仅仅按照人的内在尺度开展。符合实际的办法是：既要按照生态系统及其物种的尺度、规律进行生产，同时又要处处都把人的内在尺度运用到对象上，这就是生产的辩证法，同时也是生态文明的辩证法及其基本内容。这种生产实践活动即生态文明建设，要求兼顾生态规律与人类发展规律，要求保持生态发展与人类发展之间的适度的张力，寻求二者适当的结合，实现人与自然的和谐统一，实现生态文明，实现人的自由发展。

1.2　生态文明建设的理论渊源

生态环境是人类生存和发展的基础，生态环境的变化直接影响到文明的兴衰演替。生态兴则文明兴，生态衰则文明衰。中华民族历来尊重自然、热爱自然，绵延 5 000 多年的中华文明孕育了丰富的生态文化。古人在认识到人与自然和谐共生的同时，在很早的时候就把关于保护自然生态的观念上升为国家管理制度，建立了虞衡制度，并制定了相应的政策法令。

1.2.1　中国传统文化中关于生态文明的经典论述

传统文化中有很多论述都是强调要把天、地、人统一起来、把自然生态同人类文明联系起来,按照大自然规律活动,取之有时,用之有度。《易经》中说："观乎天文，以察时变;观乎人文，以化成天下。""财成天地之道，辅相天地之宜。"儒家创始人孔子提出："天何言哉？四时行焉，百物生焉，天何言哉？"即"天人合一"。思想家孟子认为："万物皆备于我矣。反身而诚，乐莫大焉。"董仲舒也说过："天地人，万物之本也。天生之，地养之，人成之。天生之以孝悌，地养之以衣食，人成之以礼乐。三者相为手足，合以成体，不可一无也。"《荀子》中说："草木荣华滋硕之时，则斧斤不入山林，不夭其生，不绝其长也。"儒家思想注重人对自然的认识、尊重以及自然给予人类的馈赠，人与自然相互依赖，成为一体，不可分割。

道家把自然作为哲学研究的对象，探索宇宙，从规律上探索自然的运动，阐述人与自然的关系，在人与自然永恒的和谐之中，寻求人的精神自由与永恒。唐代道士成玄英的《老子义疏》解释说："所以言物者，欲明道不离物，物不离道，道外无物，物外无道。"认为人既不能自大，以自我为中心，也不能无所作为臣服于自然。庄子提出"万物一体""道通为一""天地与我并生而万物与我为一"，从宇宙演化的角度看，人与自然的物质上的统一；"天与人不相胜"，人与天的关系不是对立的关系，人类应该回归自然，顺应自然。《老子》提出："人法地，地法天，天法道，道法自然。"作为宇宙和人的共同本源的道，人类行为的基本法则就是自然。人类应该顺应自然，尊重自然的价值，违背自然之常而妄意作为就会导致灾祸。正如《庄子》所说："知常曰明，不知常，妄作，凶。知常容，容乃公，公乃全，全乃天，天乃道，道乃久。"违反自然规律任意妄为，是造成现代人类生态问题、环境问题的根本原因。汉初黄老道家提出："顺天者昌，逆天者亡。毋逆天道，则不失所守。"了解自然，尊重自然，顺天道，才能实现人与自然的和谐，乃至人与人的和谐。《庄子》中有言"与人和者，谓之人乐；与天和者，谓之天乐"，实现人与自然、人与人、人与社会的和谐，这种焕发勃勃生机的协调状态正是人类所追求的理想境界，是生态文明建设的最终目标。

1.2.2　西方生态社会主义思想

生态社会主义是产生于 20 世纪 70 年代的西方绿色和平运动，发展于 80 年代，成熟于 90 年代，至今仍在深化发展中。生态社会主义不是生态学与社会主义的简单相加，它是西方资本主义国家的绿色运动、生态学马克思主义和社会主义运动三者结合的产物，是传统社会主义理论对现代生态学的回应和吸纳。生态社会主义的基本理论主要包括生态自然观、生态危机观、生态价值观、生态政治观和生态发展观等。

西方生态社会主义思想反映了西方左翼学者对造成当今全球生态危机的资本主义社会的最新认识，也反映了西方马克思主义者对社会主义的新认识，为当代人类理解社会主义提供了新视角。西方生态社会主义将人与自然关系作为其理论视阈，以生态效益为核心价值，以人与自然的和谐发展为追求目标，将人类的经济活动、政治活动以及其他活动置于其中加以考察，对开辟人类观察与思考资本主义、社会主义问题的新视野具有十分重要的理论和现实意义，渐渐引起了社会学、经济学、伦理学、政治学、马克思主义理论等诸多学科领域研究者的关注。西方生态社会主义还将社会主义与生态主义两种价值结合起来，提出保护全人类的生存环境，同时又倡导社会主义，这种双重价值特征使其在生态主义运动和国际政治思想舞台中独树一帜，具有一定的积极意义和时代意义。西方生态社会主义作为当代西方生态主义思潮的一个组成部分，同现代西方其他派别在坚持资本主义制度下进行生态改良的思潮相比，更具有进步意义，但其同经典马克思主义相比较，也存在明显缺陷。

1.2.3 马克思主义创始人的生态思想

马克思在《1844年经济学哲学手稿》中用大量篇幅来论述人与自然关系问题，认为"人直接地是自然的存在物""我们连同我们的肉、血和头脑都属于自然界"，表明人是自然界的一部分，人的肉体生活和精神生活都离不开自然界，人依靠自然界而生存。马克思对资本主义社会中人与自然异化的现实进行了批判，认为人与自然之间异化的关系就是同和其敌对的异己世界的关系，这种异化不但引发了人的生存危机，而且导致了自然界的生态危机。一旦人类把自然界看出是可以随意处置的，是其生产利润的来源，就会造成生产过程和自然过程、人与自然的分离和对立，人类征服和索取自然界，生态环境的恶化就在所难免。人类在实践活动中应该建立人与自然的相互创立和生成的交往关系，既要在改造自然界的过程中使自己的实践符合人类自身目的，又要规范自身的目的和活动使自己的实践符合自然规律。马克思认为在未来社会，自然将不再作为异己的力量与人类对立，人类能够积极改善和优化处理人与自然的关系，改革现存的不合理的社会关系，实现人与自然、人与人之间的和谐发展。

在《德意志意识形态》等著作中，马克思和恩格斯进一步完善了他们的生态文明思想，从辩证的角度阐明了人、社会、自然的可持续发展问题。他们认为人类要通过积极能动的实践活动来实现人类活动和自然环境的协调一致，自然资源和能源资源的状况同社会生产实践的结果是紧密地联系在一起的，自然环境对社会生产力存在重大影响。自然界不是人类的奴隶，人类也不是自然界的统治者。为了自己的生存和发展，人类必须善待和保护自然，力求自然界的再生产和物质生产的同步进行，确保自然界的可持续发展得以顺利进行，从而实现人、社会和自然的可持续发展。

在《资本论》《自然辩证法》等著作中，马克思和恩格斯的生态文明观逐步走向成熟。恩格斯在《自然辩证法》中从人与自然普遍联系的哲学维度揭示了人类在追求经济利益的驱动下，凭借科学技术的进步对自然界进行所谓的征服是过分陶醉和乐观的，破坏自然就是破坏人类自己，人类征服自然的所谓胜利最终都会遭到自然界的报复并取消其成果。在《人类学笔记》等著作中，马克思和恩格斯进一步发展了他们的生态文明观。马克思认为人类在以往的文明进程中紧紧片面追求经济发展，而忽略了生态环境，严重破坏了自然生态系统，给人类的生存和发展带来了严重的威胁。要想减少环境污染，改善人与自然的关系，人类必须重新审视和正确评价人与自然的关系，人只能站在自然之中，而不能站在自然之外也不能凌驾于自然之上。在人与自然的交往中，人类必须尊重自然、善待自然、优化自然，与自然和谐相处、协调相处、共荣共生，人类文明才能永续发展。

1.3 生态文明建设的相关理论基础

1.3.1 可持续发展理论

可持续发展就是指在不威胁后代发展的基础上，还能满足当代人需求的发展。它是一个既要达到经济发展的目的，又要保护人们赖以生存的自然资源和生态环境的不可分割的系统，其核心是发展。可持续发展与环境保护既有联系又不等同，环境保护是可持续发展的一部分。

可持续发展的概念，最早是在1972年斯德哥尔摩召开的第21届联合国人类环境研讨会上的《人类环境宣言》中提出，使可持续发展的概念正式成为国际性议题。1980年，由联合国环境规划署、国际自然保护联盟、世界自然基金会联合发表的《世界自然资源保护纲要》中，对可持续性发展思想进行了系统的定义和阐述。1987年，世界环境与发展委员会在《我们共同的未来》报告中，第一次给出了可持续发展理论的内涵并对其进行定义："可持续发展是既满足当代人的需要，又不对后代人满足其需要的能力构成危害的发展。"1992年，在环境与发展大会上，通过了《里约热内卢环境与发展宣言》，正式将可持续发展理念从理论基础迈向实践。

可持续发展理论的内涵十分丰富，但是都离不开社会、经济、环境和资源这四大系统，包括可持续发展的共同发展、协调发展、公平发展、高效发展和多维发展五个层面的内涵。

（1）共同发展。整个世界可以被看作一个系统，是一个整体，而世界中各个国家或地区是组成这个大系统的无数个子系统，任何一个子系统的发展变化都会影响到整个大系统中的其他子系统，甚至会影响整个大系统的发展。因此，可持续发展追求的是大系统的整体发展，以及各个子系统之间的共同发展。

（2）协调发展。协调发展包括两个不同方向的协调，从横向看，是经济、社会、环境和资源这四个层面的相互协调，从纵向来看，包括整个系统到各个子系统在空间层面上的协调，可持续发展的目的是实现人与自然的和谐相处，强调的是人类对自然有限度的索取，使得自然生态圈能够保持动态平衡。

（3）公平发展。不同地区在发展程度上存在差异，可持续发展理论中的公平发展，要求我们既不能以损害子孙后代的发展需求为代价而无限度的消耗自然资源，也不能以损害其他地区的利益来满足自身发展的需求，一个国家的发展不能以损害其他国家的发展为代价。

（4）高效发展。人类与自然的和谐相处并不意味着我们一味以保护环境为己任而不发展，可持续发展要求我们在保护环境、节约资源的同时要促进社会的高效发展，是经济、社会、环境和资源之间的协调有效发展。

（5）多维发展。不同国家和地区的发展水平存在很大差异，同一国家和地区在经济、文化等方面也存在很大的差异，可持续发展强调综合发展，不同地区根据自己的实际发展状况出发，结合自身国情进行多维发展。

可持续发展的主要原则有如下几个方面：

（1）公平性原则。即无论是本代人之间，还是多代人之间都应公平的进行资源分配和利用，包括当代人公平发展、隔代之间的公平发展和资源的公平分配这三个方面。

（2）可持续性原则。发展必须是有限制的，无限制的发展会造成不可逆转的破坏，没有限度的发展也不可能长久，即人类的发展要从长远角度出发，一直维持在发展进步的状态中，不能为追求某一时刻的高速发展而对未来的发展的倒退埋下隐患，包括环境可持续性、社会可持续性、经济可持续性和资源可持续性四个方面的含义。

（3）共同性原则。共同性原则要求我们能够通过一定的措施或行动实现全球范围内的可持续发展，即各国之间的发展目标和最终结果应该是共同的，都是为了人类生存和发展得越来越好。

（4）和平性原则。即世界各国发展的前提应当是和平的，虽然可能会伴有小摩擦，但是总体上是友好、和谐、无战争冲突的发展。

综上所述，可持续发展理论的核心思想是：经济的强健发展应该建立在生态可持续、社会公正和人民积极参与自身发展决策的基础上。其目标是：全体人类的各种需要得到满足和充分发展，与此同时保护环境，以保证现在的发展不会损害到人类长久的生存发展。这种观念能够把短期利益与长期利益结合互补，局部利益与全局利益有机统一，使经济能够长久地发展。

1.3.2 循环经济理论

循环经济最早由美国经济学家波尔丁提出，是一种以资源节约和循环利用为基本特征的与环境和谐共处的经济发展模式，亦称资源循环型经济，该思想萌芽并诞生于 20 世纪 60 年代。我国于 1998 年引入循环经济理论，并于 2005 年制定出全国性循环经济发展战略。在"十一五"规划中，循环经济被定义为："以'减量化、再利用、再循环'为准则，以推进资源高效率利用为核心，以节约资源、全面利用、清洁生产为重心，通过技术提高、结构升级和加强管理等措施，降低资源消耗、减少废弃物排放、提高资源利用效率，推进资源利用模式由'资源—产品—废弃物'的线性发展模式向'资源—产品—废弃物—再生循环'的闭合循环模式转变，以尽可能少的环境成本和资源消耗，实现社会经济可持续发展，是社会经济系统和环境生态系统和谐统一的新型经济增长方式"。

循环经济具有五个基本特征：一是新的系统观。循环经济将社会经济活动视为一个系统整体，其组成包括生产要素、生态环境、科学技术、还有人本身。强调人们在从事社会生产、消费时要把人的行为作为系统组成部分考虑进去，而不能置身于系统之外。二是新的经济观。相对于传统线型经济开放式的发展模式，循环经济遵循物质闭合循环模式，在经济发展的同时考虑生态环境的承受能力。在社会生产、消费过程中，通过资源减量化、再利用等预防性措施，通过对废弃物循环再利用等终端治理措施，来减轻经济活动对生态环境的承载压力，使经济在生态环境可承受能力范围内得到平衡发展。三是新的价值观。循环经济重视良好的生态环境，将其视为宝贵的社会财富。良好的生态环境不只是人类赖以生存的环境基础，也对经济发展起到良好的推动作用，促进经济发展可持续。循环经济要求人在研发科学技术时不仅要考虑技术的经济创造力，也要考虑科学技术对环境的可修复能力；要求人在从事经济活动的时候不要只考虑对自然的征服能力，也要考虑生态环境的承载力，从而实现人与自然环境和谐共处。四是新的生产观。循环经济要求经济生产活动中要尽量减少资源要素的投入量，提高资源的利用率和再利用率，减少废弃物产生；同时加强对废弃物的回收利用，用尽可能少的资源要素创造最大的经济效益。五是新的消费观。提倡人们选择适度消费和绿色消费，消费者在消费的同时根据真实需求选择商品，不铺张浪费；要尽量选择耐用和有维修保障的商品，防止商品过早成为废弃物；对选用一次性产品的，政府层面可采取税收等政策措施来干预对一次性产品的生产和消费选择。

循环经济的核心内涵是 3R 原则，即减量化（Reduce）、再利用（Reuse）、再循环（Recycle）。

（1）减量化原则。减量化是循环经济的首要原则，其要求对物质循环的输入端进行控制，主张在经济活动的输入端减少资源的开采和利用，尤其是不可再生资源。其目的是从源头上减少进入生产和消费过程的物质量，从而降低单位产品的资源消耗量。

（2）再利用原则。"再利用"是循环经济的第二原则，是指从过程上进行控制，属于过程性方法。强调在生产和消费活动中尽可能多次使用或多种方式利用各种资源，避免物品过早被废弃，其目的在于尽可能地延长产品的使用期。

（3）再循环原则。"再循环"是指对输出端进行控制，本质上是一种末端控制，要求产品在完成其使用功能后尽可能成为可重复利用的资源，而不是不可恢复的垃圾，变废为宝。该原则强调对产业链输出端废弃物进行回收再利用，形成良性的闭环循环系统，最终实现废弃物的最小排放和资源化。

循环经济的核心是提升资源的利用效率，减少对环境的污染，实现对资源的循环利用。以"减量化、再利用、资源化"为原则，在日常生产中做到降低能源的消耗，减少污染的排放，提高资源的循环利用率。通过对生产与消费剩余物进行无害化处理，争取将其转化成可利用资源。这种经济模式是对传统经济模式片面追求经济发展而不顾环境保护的重大变革。

1.3.3 生态承载力理论

承载力概念最早可追溯到马尔萨斯的人口增长理论。随着人口数量的增加、自然资源的短缺和环境污染程度加剧等全球性问题的出现，承载力理论的应用扩展到整个自然界。生态承载力是承载力概念在生态学领域中的应用。生态承载能力是指在自然生态环境不受危害并维系良好生态系统前提下，一定地域空间的资源和环境容量所能承载的经济规模和人口规模，反映了资源开发、保护环境、经济发展情况之间的关系。"生态承载力"综合了经济、环境、资源、灾害等诸多方面。在经济方面，生态承载力是自然资源与自然环境对人类及经济活动的承载力，该承载力有特定的强度及范围，如果没有超出该范围，生态系统就会平稳运行不至于崩溃退化；在环境方面，生态承载力是指对于污染物质的自我净化以保证环境质量的能力；在资源方面，生态承载力是指为人类以及生态系统提供资源的能力；在灾害方面，生态承载力是指生态在抵御自然灾害方面的承灾能力。因此，生态承载力可适用于环境保护、经济发展、区域经济、自然资源管理等诸多领域。

依据生态承载力理论和其性质特点，生态承载力由生态弹性度、资源承载力、环境承载力、社会承载力和生态承载压力五个方面构成。

（1）生态弹性度

生态弹性定义为在生态系统维持系统结构、功能和反馈等不变的前提下，通过调整系统状态变量和驱动变量等参数，进行自我维持、自我调节及其抵抗各种压力与扰动的能力，根据此定义可知，弹性可采用系统结构改变之前能吸收的干扰量来度量。总体来说，我们应该从地形地貌、气候条件、土壤、植被、水文等方面来进行生态系统弹性的评价，生态系统中各个组成因子和结构都有较大的分值，都能够相互补充、相互作用和相互调节，是不可分割的整体。

（2）资源承载力

资源承载力是指一定时间一定区域范围内，在不超出生态系统弹性限度条件下的各种自然资源的供给能力以及所能支持的经济规模和可持续供养的具有一定生活质量的人口数量。

根据现有理论，将资源承载力归纳总结了三层含义，一是在复合生态系统中的资源承载力绝不是系统所能提供的最大承载力，而是在不影响系统健康持续发展前提下的适度承载，受制于生态弹性的大小；二是决定区域资源承载力大小的因素有很多，包括系统中物种丰富度、人类社会生活和经济发展对资源的需求度及对资源利用的充分程度等几个方面，不能忽视人类发展的影响，并不是资源越丰富、供给量越大资源承载为能力就越强；三是从人类对资源的需求来说，人类进行生产生活所需要的资源并不仅仅要求数量多，更重要的是要求资源的质量，质量好承载力就大。

（3）环境承载力

环境承载力是指在一定生活水平和环境质量要求下，在不超出生态系统弹性限度条件下环境子系统所能承纳的污染物数量，以及可支撑的经济规模与相应人口数量。

在现有理论研究的基础上，将环境承载力含义概括为以下三个方面：一是为生活在生态系统中的各种物种提供一定质量的环境条件，不同环境因素的差异会对环境标准的制定产生影响，相应标准会有差别；二是生态系统所能容纳最多的污染物的能力，根据介质的不同又可分为土壤、水、大气环境容量；三是在现有人类生产活动方式的基础上，环境能够承受污染物排放的数量，生产活动的工艺水平越高，排放的污染物质越少，环境承载力就越大。

（4）社会承载力

社会承载力是指在一定时间、一定区域范围内社会系统的福利状态抵御外来干扰和压力的能力以及能够为复合生态系统提供正面帮助的能力。

社会承载力的意义在于当社会发展到一定程度对生态环境有较高要求，那么在社会系统能够正常状态的前提下，就会对生态系统提供正向引导，以及社会能够承受来自生态系统变化而产生的压力的能力，承载力的大小取决于社会的发展程度和人民生活状态。

（5）生态承载压力

生态承载压力来自生态系统中的很多因素，在复合生态系统中，主要来自资源、环境、社会。压力是相较于承载力而言的，生态系统所受的外部扰动力和其自身的生态系统承载力相比，扰动力接近于生态承载力则承载压力大。

1.3.4　人地关系地域系统理论

人地关系地域系统的概念最早由吴传钧院士在其《论地理学的研究核心——人地关系地域系统》中提出，人地关系地域系统是以地球表层一定地域为基础的人地关系系统，也就是人与地在特定的地域中相互联系、相互作用而形成的一种动态结构。它集合了"人"和"地"两个子系统的巨系统,其中"人"系统主要指的是人类的社会性活动,具体包涵了人口发展、经济发展、社会发展等因素;"地"系统主要指的是自然资源和自然环境要素,具体包涵了资源环境承载力、资源环境压力、环境治理、环境保护等因素。人地系统的中心是人地关系,主要目标是协调人地关系并通过人地关系的优化与升级促进区域的可持续发展,为区域规划与开发提供切实的理论依据。

人口系统与土地系统是社会经济系统当中最为基础和重要的两大子系统。从社会发展的角度来看,人口子系统与土地子系统属于"既共生又竞争、既对立又统一"的关系,两者的对立是社会发展的动力,而两者自身的稳定发展和彼此之间的协同、演进既是社会发展的本质要求,也是社会处于可持续发展状态的一种本质特征。在长期的互动耦合过程中,外部环境通过对人口子系统与土地子系统的不断影响而作用于两者的整体发展,促使两大子系统之间不断地进行着物质循环与能量转化,从而形成了人地关系发展演进的功能机制。在这种作用机制下,两大子系统依照特定规律,相互交织、相互作用、相互耦合,共同衍生出的一个动态、开放的复合整体。

人地关系地域系统是一种客观存在的系统类型和系统状态,它既具有一般系统的功能特征,又具有地域空间范围内由"人""地"之间耦合关联所形成的特定复合系统的基本特性。人地关系地域系统有以下五个方面的特征:

(1)地域性。它是人地系统客观存在的基础,围绕系统所发生的一切社会经济活动都是在某一特定地域空间范围之内逐步展开的。但由于人类活动强度存在着显著的空间差异性,导致人地系统自身所固有的弹性也存在地域差别,所以必须基于不同的地域类型来审视人地关系。

(2)层次性。人地系统是一个典型的级序系统,主要包括区域子系统和要素子系统层次。明确这一系统特征的存在,能够有助于对地域空间内人地系统开展基于子系统之间以及子系统内部要素相互作用、互动耦合程度的多维度研究。

（3）开放性。动态开放是人地系统演化发展的基本要求。一方面，人地系统本身不断进行着持续演化，并在地域关联之中寻求系统的自组织发展；另一方面，人地系统内、外始终存在并不断发生着能量、物质、信息等媒质的流动和转换，而各种要素流动分配的合理、有效程度直接决定了人地系统的持续发展水平。

（4）功能性。一方面，人地系统内部存在着"人口"与"土地"两大子系统的作用和功能；另一方面，人地系统外部也存在着环境变化对系统带来的作用和功能。正是由于内、外两种作用功能的共存，促使人地系统始终发挥着自身的功能。

（5）可控性。人地关系是双向可逆的，人类自身的优化发展是实现人地关系和谐有序、持续发展的重要前提。因此，要在实现和满足人类全面持续发展的基础上构建人地系统内部各要素之间的关联机制，才能通过相应的调控手段来引导系统的发展趋势。

1.4 习近平生态文明思想的逻辑框架

习近平生态文明思想是站在新时代中国特色社会主义建设的新起点，按照中国特色社会主义事业"五位一体"总体布局，实现坚持人与自然和谐共生、建设美丽中国宏伟目标的基本原理与方法论逻辑自洽的理论体系。习近平生态文明思想贯穿经济社会发展各个层面和全部过程，解决了"要什么样的发展、为谁发展、如何发展、依靠谁发展"等重大课题，其逻辑框架可由绿色发展观、基本民生观、生态政绩观、严密法治观和共同治理观组成。

1.4.1 "改善生态环境就是发展生产力"的绿色发展观

绿色发展观揭示了经济发展与生态环境保护之间的辩证关系，解决了生态文明建设中的物质基础问题。党的十九大报告指出，我国社会主要矛盾已转化为"人民日益增长的美好生活需要和不平衡不充分的发展之间的矛盾",而建设生态文明和美丽中国是实现人民美好生活的必然要求。习近平生态文明思想的绿色发展观有两个重要的组成维度:一是"两山"思想。即发展与保护的关系从最初的"用绿水青山去换金山银山"发展到"既要金山银山,也要绿水青山",直至转变为"宁要绿水青山,不要金山银山,而且绿水青山就是金山银山",进一步明确了"决不以牺牲环境为代价去换取一时的经济增长"的重要理念。二是生态生产力思想。经历了从生态环境是生产力发展的要素,是改造自然的对象,"生态环境是资源,是资产,是潜在的发展优势和效益",到生态环境就是生产力的组成部分,"环境就是生产力","保护生态环境就是保护生产力,改善生态环境就是发展生产力"的认识升华,并与"绿水青山就是金山银山"实现了话语体系的统一,即将生态环保的要求和生态价值的实现同步到经济发展与产业升级之中,全面推动经济社会高质量发展。

1.4.2 "良好生态环境是最普惠的民生福祉"的基本民生观

基本民生观揭示了生态环境保护的成果具有公共、公平、普惠的特性,解决了生态文明建设中福利实施的对象问题。一方面,良好的生态环境是最朴实的民生诉求,我国经济社会历经多年的高速增长后,环境容量赤字严重,同时公众对美好生态环境的需求和期盼不断提升,"多年快速发展积累的生态环境问题已经十分突出,老百姓意见大、怨言多,生态环境破坏和污染不仅影响经济社会可持续发展,而且对人民群众健康的影响已经成为一个突出的民生问题,必须下大气力解决好。"另一方面,良好的生态环境是无门槛的公共产品,其天然的公共效应使公众能平等普惠地享有生态福祉,这是其他物质产品所无法企及的。习近平生态文明思想体现的基本民生观与党的十九大报告坚持以人民为中心的发展思想一脉相承,通过解决公众最关心、最迫切、最突出的环境问题入手,"让良好生态环境成为人民幸福生活的增长点"，从而不断增强公众的幸福感。

1.4.3 "发展特别要看环境指标"的生态政绩观

生态政绩观要求树立科学的考核方法和用人导向，解决了生态文明建设中施政环境优化问题。过去很长的一段时期，各地都热衷于以 GDP 论英雄的锦标赛竞争，一定程度上导致了重增长轻生态倾向的加深。针对这一情况，习近平明确指出："发展不仅要看经济增长指标，还要看社会发展指标，特别是人文指标、资源指标、环境指标。""要完善经济社会发展考核评价体系，把资源消耗、环境损害、生态效益等体现生态文明建设状况的指标纳入经济社会发展评价体系。""地方各级党委和政府主要领导是本行政区域生态环境保护第一责任人。"因此，要推动生态文明建设，就必须落实对领导干部的激励与约束，建立健全领导干部任期生态文明建设责任制，同时把生态环保"考核结果作为各级领导班子和领导干部奖惩和提拔使用的重要依据"。生态政绩观通过政绩考核"指挥棒"的转换，引导领导干部发展观念加速转变，坚定"经济增长是政绩，保护环境也是政绩"的正确理念，从而促进各级政府统一认识，自觉推动生态文明建设。

1.4.4 "用最严密法治保护生态环境"的严密法治观

严密法治观认为要实现生态环境的长效治理就必须建立与之匹配的制度体系，解决了生态文明建设中的制度保障问题。人与自然和谐共生归根结底是要实现人与人之间的和谐，法律制度的规范力、强制力和约束力，提供了处理人与人之间关系，解决深层次的体制机制问题的有效手段。习近平多次指出要"把生态文明建设纳入制度化、法治化轨道"，建设生态文明重在建章立制，要"用最严格的制度、最严密的法治保护生态环境"。作为实现法治的前提和基础，完善法制是构建生态文明制度体系的核心任务，一方面要完善生态环保领域的法律法规，并将其价值取向融入其他领域相关法律法规之中，在此基础上健全源头保护、过程管控和责任追究制度；另一方面要通过生态文明建设法治化唤醒全民生态法律意识，依托体制机制改革和公众素质提升寻求生态环境问题的解决方案，为推动生态文明建设提供强力保障和治本之策。

1.4.5 "政府企业公众共治和充分运用市场化手段"的共同治理观

共同治理观涵盖了参与主体与工具手段双重维度，为生态文明建设提供了系统的方法论支撑。习近平强调生态治理应该追求科学治理精神，"必须遵循规律，科学规划，因地制宜，统筹兼顾。"从参与主体看，政府作为公共服务的提供方，对地方环境保护负有主体责任，同时环境污染的外部性伴随着的市场失灵，促使各地长期以来在生态环境治理领域一直以命令控制型政策工具为主。习近平特别强调生态建设的全社会参与，他提出："不重视生态的政府是不清醒的政府，……不重视生态的企业是没有希望的企业，不重视生态的公民不能算是具备现代文明意识的公民。"要充分统筹和动员政府、企业和公众的力量。党的十九大报告明确指出，要"构建政府为主导、企业为主体、社会组织和公众共同参与的环境治理体系"，市场、企业、公众未来都将越来越多地介入到生态文明建设。从政策工具看，习近平特别重视要借助市场的力量。早在 2005 年他就从宏观上强调两个机制：一是充分发挥市场机制的作用；二是逐步建立健全生态补偿机制；而政府一方面要做好顶层制度设计，用好用活，规范市场力量，要完善资源环境价格机制，要采取多种方式支持政府和社会资本合作项目；另一方面要发挥主导作用，要通过将环境产权纳入企业成本，将环境外部成本内部化的方式，引导企业自觉履行环境义务；同时要加强宣传教育，强化公民环境意识，促使每个人都成为践行者、推动者。可见，环境治理主体和责任的拓展与延伸，区别于单纯政府治理的政策工具，要"完善生态文明领域统筹协调机制"，"经济市场型""自愿契约型"政策工具将在未来得到更灵活的采用，并最终形成多主体协同治理体系。

第2章
中国生态文明建设的演进与湖南实践

2.1　中国生态文明建设的政策实践

生态文明作为一种崭新的人类文明形态，是人类社会发展的新阶段和新境界。生态文明是一个高度复杂的系统，包括生态制度、生态安全、生态经济、生态文化、生态生活等诸多要素。中国共产党和中国人民在继承中国传统文化固有的生态和谐观的基础上，创造性地提出生态文明观。回溯中国生态文明政策实践历程，大致分为五个阶段：起步探索阶段（1949—1978 年）、环境保护上升为基本国策阶段（1978—1992 年）、可持续发展战略初步确立阶段（1992—2002 年）、科学发展观深入贯彻阶段（2002—2012 年）、生态文明建设深化推进阶段（2012 年至今）。

2.1.1　起步探索阶段（1949—1978 年）

在中华人民共和国成立之初，面对"一穷二白"的现实，毛泽东提出"兴修水利""植树造林"等伟大号召。

1956 年 1 月 23 日，中共中央政治局提出的《1956 年到 1967 年全国农业发展纲要（草案）》中指出："从 1956 年开始，在 12 年内，绿化一切可能绿化的荒地荒山，在一切宅旁、村旁、路旁、水旁以及荒地上、荒山上，只要是可能的，都要求有计划地种起树来"。

1973 年 8 月 5 日，国务院召开第一次全国环境保护会议，会议确定了"全面规划，合理布局，综合利用，化害为利，依靠群众，大家动手，保护环境，造福人民"的 32 字环境保护工作方针，审议通过了我国第一部环境保护的法规性文件——《关于保护和改善环境的若干规定（试行草案）》，确定了我国环境保护法的基本框架。

1978 年 3 月 5 日，宪法首次对环境保护作出明确规定："国家保护环境和自然资源，防治污染和其他公害。"

2.1.2 环境保护上升为基本国策阶段（1978—1992 年）

改革开放初期，经济基础薄弱，经济发展与生态环境矛盾不突出，随着改革开放的不断深入，中国经济规模扩大，发展速度加快，环境污染日渐显现。这一阶段已经开始对生态意识、生态规律、生态文化的关注，重视生态规律在环境管理中的地位和作用，为后期生态文明建设理论的提出奠定基础，也是相关生态理论的萌芽成长阶段。

1978 年 12 月 31 日，中共中央批准并转发了国务院原环境保护领导小组起草的关于《环境保护工作汇报要点》提出："消除污染，保护环境，是进行社会主义建设、实现四个现代化的一个重要组成部分……我们绝不能走先污染、后治理的弯路。"这是在我们党历史上第一次以中央名义对环境保护做出重要指示，是中共第十一届三中全会以后环境保护的一个重要的政策性文件。

1979 年 9 月 13 日，第五届全国人民代表大会常务委员会第十一次会议原则通过我国第一部环境法律——《中华人民共和国环境保护法（试行）》。

1981 年 2 月 24 日，国务院作出的《关于在国民经济调整时期加强环境保护工作的决定》要求各级人民政府在制定国民经济和社会发展计划时，应将环境保护纳入其中。

1983 年 12 月 31 日，国务院召开第二次全国环境保护会议，将环境保护确立为基本国策。制定了经济建设、城乡建设和环境建设同步规划、同步实施、同步发展，实现经济效益、社会效益、环境效益相统一的指导方针。这一方针政策的确立，奠定了一条符合中国国情的环境保护道路的基础。

1989 年 4 月 28 日，国务院召开第三次全国环境保护会议，会议提出要加强制度建设，深化环境监管，向环境污染宣战，促进经济与环境协调发展，通过了《1989—1992 年环境保护目标和任务》和《全国 2000 年环境保护规划纲要》，形成了环境保护的"三大政策"和"八大管理制度"，对中国环保事业的发展产生了极其深远的影响。

2.1.3　可持续发展战略初步确立阶段（1992—2002 年）

20 世纪 90 年代，中国乃至全球经济高速发展带来的环境问题已经非常严重，如何解决生态环境危机成为世界各国普遍关注的主题。1992 年，中国出席在巴西里约热内卢举行的联合国环境与发展大会，会后我国正式发表了《中国环境与发展十大对策》，正式提出实行可持续发展战略。

1994 年 7 月 4 日，国务院发布的《中国 21 世纪议程——中国 21 世纪人口、环境与发展白皮书》（以下简称《议程》），《议程》从我国的具体国情和人口、环境与发展的总体联系出发，提出了促进经济、社会、资源与环境相互协调和可持续发展的总体战略、对策以及行动方案，标志着中国可持续发展思想和战略的正式确立。

1996 年 7 月 15 日，国务院召开第四次全国环境保护会议，会议提出保护环境的实质就是保护生产力，要坚持污染防治和生态保护并举，全面推进环保工作。

1996 年 8 月 3 日，国务院颁布了《国务院关于环境保护若干问题的决定》，文件就实行环境质量行政领导负责制、认真解决区域环境问题、坚决控制新污染、加快治理老污染、禁止转嫁废物污染、维护生态平衡、保护和合理开发自然资源、切实增加环境保护投入、严格环保执法、强化环境监督管理、积极开展环境科学研究、大力发展环境保护产业、加强宣传教育及提高全民环境意识等问题做出了具体规定。

2000 年 11 月 26 日，国务院颁布了《全国生态环境保护纲要》（以下简称《纲要》），《纲要》要求对环境质量行政领导负责制、解决区域环境问题、维护生态平衡、强化环境监督管理等问题做出了具体规定，强调"坚持节水、节地、节能、节材、节粮以及节约其他各种资源"原则，节约与开发并举，提高资源利用效率。

2002 年 1 月 8 日，国务院召开第五次全国环境保护会议，会议提出环境保护是政府的一项重要职能，要按照社会主义市场经济的要求，动员全社会的力量做好这项工作。

2.1.4　科学发展观深入贯彻阶段（2002—2012 年）

随着中国经济的持续高速增长，经济发展和资源、环境问题的矛盾达到前所未有的尖锐程度。"重 GDP 增长，轻生态环境保护"的传统发展观极大地限制我国长远发展，因此，寻求人与自然和谐的科学发展观应运而生。

2006 年 3 月 14 日，十届全国人大四次会议审议通过的国民经济和社会发展第十一个五年规划纲要首次以国家规划的形式，将建设"资源节约型、环境友好型社会"确定为我国国民经济和社会发展中长期规划的一项重要内容和战略目标。

2006 年 4 月 17 日，国务院召开第六次全国环境保护大会，会议提出了推动经济社会全面协调可持续发展的方向，强调做好新形势下的环保工作，要加快实现三个转变，即从重经济增长轻环境保护转变为保护环境与经济增长并重、从环境保护滞后于经济发展转变为环境保护和经济发展同步、从主要用行政办法保护环境转变为综合运用法律、经济、技术和必要的行政办法解决环境问题。

2007年10月15日，党的十七大报告首次把"生态文明"写入了党代会的政治报告。报告指出："建设生态文明，基本形成节约资源和保护生态环境的产业结构、增长方式、消费模式……生态文明观念在全社会牢固树立。"

2011年12月20日，国务院召开第七次全国环境保护大会，会议强调环境是重要的发展资源，良好环境本身就是稀缺资源，要坚持在发展中保护、在保护中发展，积极探索环境保护新道路，切实解决影响科学发展和损害群众健康的突出环境问题，全面开创环境保护工作新局面。

2012年11月8日，党的十八大报告将"生态文明"纳入中国特色社会主义事业的"五位一体"总体布局，独立成篇地系统论述了生态文明建设，并提出了"把生态文明建设放在突出地位，融入经济建设、政治建设、文化建设、社会建设各方面和全过程，努力建设美丽中国，实现中华民族永续发展。"

2.1.5 生态文明建设深化推进阶段（2012年至今）

党的十八大以来，中国将生态文明建设纳入中国特色社会主义事业总体布局，要求融入经济建设、政治建设、文化建设、社会建设各方面和全过程，努力建设美丽中国，实现中华民族永续发展。在总结我国生态文明建设历史经验的基础上，在开展生态文明建设的实践中，逐步形成了习近平生态文明思想。

2015年5月5日，中共中央、国务院印发《关于加快推进生态文明建设的意见》（以下简称《意见》），《意见》全面贯彻十八大、十八届三中、四中全会决策部署，在总结中国探索经济增长与资源环境相协调的理论成果和实践经验的基础上，完整、系统地提出了生态文明建设的指导思想、基本原则、目标愿景、主要任务、制度建设重点和保障措施，是今后一个时期我国生态文明建设的纲领性文件。

2015 年 9 月 21 日，中共中央国务院印发《生态文明体制改革总体方案》（以下简称《方案》），《方案》是生态文明领域改革的顶层设计和部署，改革要遵循"六个坚持"，搭建好基础性制度框架，全面提高我国生态文明建设水平。

2015 年 10 月 29 日，中国共产党第十八届中央委员会第五次全体会议审议通过的《关于制定国民经济和社会发展第十三个五年规划的建议》首次将生态文明建设列入我国五年规划，提出"绿色发展"理念，把生态文明建设作为我国经济社会发展的要义，将"生态环境质量总体改善"列为全面建成小康社会的新目标。绿色发展理念与举措成为"十三五"乃至更长时期我国破解发展和保护难题和实现生产发展、生活富裕、生态良好的中国现代化新路径。

2017 年 10 月 18 日，党的十九大报告指出："大力推进生态文明建设，全党全国贯彻绿色发展理念的自觉性和主动性显著增强，忽视生态环境保护的状况明显改变。生态文明制度体系加快形成，主体功能区制度逐步健全，国家公园体制试点积极推进。全面节约资源有效推进，能源资源消耗强度大幅下降。重大生态保护和修复工程进展顺利，森林覆盖率持续提高。生态环境治理明显加强，环境状况得到改善。"

2018 年 5 月 18 日，中共中央、国务院召开全国生态环境保护大会，习近平总书记出席会议并发表重要讲话，他强调，要自觉把经济社会发展同生态文明建设统筹起来，充分发挥党的领导和我国社会主义制度能够集中力量办大事的政治优势，充分利用改革开放 40 年来积累的坚实物质基础，加大力度推进生态文明建设、解决生态环境问题，坚决打好污染防治攻坚战，推动我国生态文明建设迈上新台阶。

2018 年 6 月 16 日，中共中央、国务院印发《关于全面加强生态环境保护坚决打好污染防治攻坚战的意见》，明确了打好污染防治攻坚战的时间表、路线图、任务书。这一系列决策部署充分体现了党中央、国务院解决突出生态环境问题、提供更多优质生态产品以及满足人民日益增长的优美生态环境需要的坚定决心和坚强意志。

2020 年 3 月 4 日，中共中央办公厅、国务院办公厅印发《关于构建现代环境治理体系的指导意见》（以下简称《意见》），《意见》要求到 2025 年，建立健全环境治理的领导责任体系、企业责任体系、全民行动体系、监管体系、市场体系、信用体系、法律法规政策体系，落实各类主体责任，提高市场主体和公众参与的积极性，形成导向清晰、决策科学、执行有力、激励有效、多元参与、良性互动的环境治理体系。

表 2.1　中国生态文明建设重要政策实践

	政策名称	发布时间	批准机关
起步奠基阶段	1956 年到 1967 年全国农业发展纲要	1960 年	全国人民代表大会常务委员会
	第一次全国环境保护会议	1973 年	国务院
	中华人民共和国宪法	1978 年	全国人民代表大会
环境保护上升为基本国策阶段	环境保护工作汇报要点	1978 年	中共中央
	中华人民共和国环境保护法（试行）	1979 年	全国人民代表大会常务委员会
	关于在国民经济调整时期加强环境保护工作的决定	1981 年	国务院
	第二次全国环境保护会议	1983 年	国务院
	第三次全国环境保护会议	1989 年	国务院
可持续发展战略初步确立阶段	中国 21 世纪议程——中国 21 世纪人口、环境与发展白皮书	1994 年	国务院
	第四次全国环境保护会议	1996 年	国务院
	国务院关于环境保护若干问题的决定	1996 年	国务院
	全国生态环境保护纲要	2000 年	国务院
	第五次全国环境保护会议	2002 年	国务院
科学发展观深入贯彻阶段	国民经济和社会发展第十一个五年规划纲要	2006 年	全国人民代表大会
	第六次全国环境保护会议	2006 年	国务院
	党的十七大报告	2007 年	第十六届中央委员会
	第七次全国环境保护会议	2011 年	国务院
	党的十八大报告	2012 年	第十七届中央委员会

续表 2.1

	政策名称	发布时间	批准机关
生态文明建设深化推进阶段	关于加快推进生态文明建设的意见	2015 年	中共中央、国务院
	生态文明体制改革总体方案	2015 年	中共中央、国务院
	关于制定国民经济和社会发展第十三个五年规划的建议	2015 年	中共中央
	党的十九大报告	2017 年	第十八届中央委员会
	全国生态环境保护大会	2018 年	中共中央、国务院
	关于全面加强生态环境保护坚决打好污染防治攻坚战的意见	2018 年	中共中央、国务院
	关于构建现代环境治理体系的指导意见	2020 年	中共中央办公厅、国务院办公厅

2.2 中央有关部门推进的生态文明试点示范建设

党的十八大以来，党中央、国务院就加快推进生态文明建设作出一系列决策部署，先后印发了《关于加快推进生态文明建设的意见》（中发〔2015〕12号）和《生态文明体制改革总体方案》（中发〔2015〕25号）。这一时期，国家发改委、国家水利部、国家海洋局、原国家环保部、原国家林业局等开展了一些生态文明建设领域的试点示范，在模式探索、制度创新等方面取得了一定成效，但也存在着试点过多过散、重复交叉等问题。2016年8月22日，中共中央办公厅、国务院办公厅印发了《关于设立统一规范的国家生态文明试验区的意见》，就统一规范各类生态文明试点示范作出了规定。

2.2.1 国家生态文明先行示范区

根据《国务院关于加快发展节能环保产业的意见》（国发〔2013〕30号）中关于在全国范围内选择有代表性的100个地区（第一批55个，第二批45个）开展国家生态文明先行示范区建设，探索符合我国国情的生态文明建设模式的要求，国家发展改革委联合财政部、原国土资源部、水利部、农业农村部、原国家林业局制定了《国家生态文明先行示范区建设方案（试行）》（发改环资〔2013〕2420号）（以下简称《方案》），于2013年12月和2015年12月推动了两批共100个地区（第一批55个，第二批45个）的生态文明建设国家试点。《方案》要求，通过试点，探索"基本形成符合主体功能定位的开发格局，资源循环利用体系初步建立，节能减排和碳强度指标下降幅度超过上级政府下达的约束性指标，资源产出率、单位建设用地生产总值、万元工业增加值用水量、农业灌溉水有效利用系数、城镇（乡）生活污水处理率、生活垃圾无害化处理率等，处于全国或本省（市）前列，城镇供水水源地全面达标，森林、草原、湖泊、湿地等面积逐步增加、质量逐步提高，水土流失和沙化、荒漠化、石漠化土地面积明显减少，耕地质量稳步提高，物种得到有效保护，覆盖全社会的生态文化体系基本建立，绿色生活方式普遍推行，最严格的耕地保护制度、水资源管理制度、环境保护制度得到有效落实，生态文明制度建设取得重大突破，形成可复制、可推广的生态文明建设典型模式。"

2.2.2　国家生态文明示范工程试点市（县）

为贯彻落实《中共中央、国务院关于深入实施西部大开发战略的若干意见》（中发〔2010〕11号）关于全国选择一批有代表性的市、县开展生态文明示范工程试点的要求，国家发改委、财政部、原国家林业局于2011年出台了《关于开展西部地区生态文明示范工程试点的实施意见》，并于2012年和2014年分两批选择103个县区（第一批74个，第二批29个）作为全国生态文明示范工程试点市、县。主要目标是通过探索实现试点市、县科学合理的城市化格局、农业发展格局、生态安全格局趋于稳定，环境污染、生态系统退化趋势得到根本扭转，经济发展质量和效益显著提升，绿化低碳的消费模式基本形成，生态文化推广体系全面覆盖，分类考核的绩效评估体系有效实施，生态补偿机制全面建立，生态文明体制机制比较完善。

2.2.3　国家水生态文明城市

根据《关于加快推进水生态文明建设工作的意见》（水资源〔2013〕1号）要求，自2013年起国家水利部分两批启动105个城市（第一批46个，第二批59个）探索不同类型的水生态文明城市建设模式和经验。根据水利部的总结，试点城市探索形成了以政府主导、水利牵头、分工协作、社会参与的工作机制。运用多元化手段加大资金投入，累计完成投资超过7 500亿元，其中社会资本占近三分之一。2017年底，46个第一批试点中的41个城市通过验收。试点成效显著，水生态环境质量持续改善，最严格的水资源管理制度全面落实，长效机制和模式探索初步形成，水治理能力和现代化水平不断提升，节水和水生态系统保护理念深入人心，人民群众对优质水生态公共产品有了真切的获得感。

2.2.4　国家级海洋生态文明建设示范区

2012年，国家海洋局向沿海各省、自治区、直辖市及计划单列市人民政府办公厅下发《关于开展"海洋生态文明示范区"建设工作的意见》，就促进沿海地区海洋生态文明建设与经济建设、政治建设、文化建设、社会建设协调发展，推动沿海地区海洋生态文明示范区建设提出了明确意见和目标，力争到"十二五"末建成10–15个国家级海洋生态文明示范区。2013年，国家海洋局公布首批12个国家级海洋生态文明建设示范区；2015年又公布第二批12个国家级海洋生态文明建设示范区。通过海洋生态文明示范区建设，积极探索沿海地区经济社会与海洋生态协调发展的科学模式，形成海洋资源开发布局合理、海洋管理制度机制完善、海洋优势特色突出、区域生态文明建设发展整体水平提高的格局，使之成为海洋生态文明建设的"新标杆"。

2.2.5　国家生态文明建设试点示范区

原环境保护部在《关于大力推进生态文明建设示范区工作的意见》(环发〔2013〕121号)中明确生态文明建设示范区创建。2013年5月23日，原环境保护部印发《国家生态文明建设试点示范区指标(试行)》。2017年9月21日，原环境保护部在浙江安吉县召开全国生态文明建设现场会，为第一批13个"绿水青山就是金山银山"实践创新基地、46个示范市县授牌。第二批生态文明建设示范市县于2018年贵阳生态文明论坛期间发布，45个示范市县获得授牌。

2.2.6　国家生态文明试验区

2016年8月22日，中共中央办公厅、国务院办公厅印发了《关于设立统一规范的国家生态文明试验区的意见》及《国家生态文明试验区(福建)实施方案》，要求各地区各部门结合实际认真贯彻落实。2017年10月2日，《国家生态文明试验区(江西)实施方案》和《国家生态文明试验区(贵州)实施方案》印发，分别对两省生态文明建设提出了要求。2018年4月1日，《中共中央国务院关于支持海南全面深化改革开放的指导意见》发布，明确提出海南省作为国家生态文明试验区的要求。2019年5月12日，《国家生态文明试验区(海南)实施方案》印发，要求把海南省建设成生态文明体制改革样板区。国家生态文明试验区的主要目标是通过设立若干试验区，形成生态文明体制改革的国家级综合试验平台。通过试验探索，到2020年，试验区率先建成较为完善的生态文明制度体系，形成一批可在全国复制推广的重大制度成果，资源利用水平大幅提高，生态环境质量持续改善，发展质量和效益明显提升，实现经济社会发展和生态环境保护双赢，形成人与自然和谐发展的现代化建设新格局，为加快生态文明建设、实现绿色发展、建设美丽中国提供有力制度保障。

2.3 习近平生态文明思想的湖南实践

2007 年，长株潭城市群获批全国两型社会建设综合配套改革试验区，湖南省以此为契机拉开了全省建设两型社会的序幕，2012 年，颁布《绿色湖南建设纲要》，2016 年，提出"生态强省"战略，习近平生态文明思想在湖南落地生根，天更蓝、山更绿、水更清的美丽湖南一步步从"盆景"变成"花园"。

2.3.1 践行绿色发展观，将建立绿色产业体系作为支撑经济中高速增长的突破口

习近平在湖南考察时强调"要牢固树立绿水青山就是金山银山的理念，在生态文明建设上展现新作为。要坚持共抓大保护、不搞大开发。"产业结构锚定了资源消费、污染排放结构与生产技术层级，加快推进产业体系绿色升级，是协调发展与保护的关系、改善生态环境的根本途径。

一是通过优化生产力布局，构建绿色产业体系。原材料、装备制造、消费品、电子信息等产业构成了湖南实体经济的主体，湖南通过龙头、骨干企业引领和重点项目拉动，在提升壮大先进装备制造、新材料、新能源、文化创意等传统优势产业的同时，2013 年，成功将环保产业培育成湖南第 11 个千亿产业集群，近年来，环保产业增加值年均增速超过 20%，生产总值连续多年保持全国前十强。

二是对企业同步输出清洁低碳技术方案与商业模式，实现生产过程绿色化。结合湖南实际，推广引进经济适用性技术，先后在绿色循环低碳发展方面分两批次推广了污水处理、土壤修复、垃圾资源化处理、"城市矿产"再利用、新能源发电、绿色交通、绿色建筑等十大清洁低碳技术及配套的商业运行模式经验，全面提高了企业参与生态建设的主体意识和积极性。

三是千方百计推动原创性技术研发，为产业升级留足潜力。加快成果转化，率先全国实行成果入股和股权净收益"两个 70%"的股权激励政策；

创新科技项目立项和经费管理机制，首创科技重大专项公开招标制度，推动科研院所改企转制，建设两型社会协同创新中心，打通产学研结合通道，推动经济增长从依靠要素贡献向效率、技术驱动跃升。

四是突出需求侧引导，倒逼供给侧结构性调整。推行绿色标识制度，在全省推动节能、再生资源、环境友好产品、绿色建筑、绿色建材等标识和认证制度，完善绿色商场、宾馆、饭店、景区等服务场所评价，降低了绿色产品信息披露和搜索甄别成本；在全国率先推行政府两型采购制度，目前全省已建立起含两型产品管理办法、认定标准、采购目录和支持办法的"四位一体"制度，在政府采购的预算安排、招标方式和评标加分优惠中对两型产品予以倾斜，发挥政府采购对绿色消费市场培育"四两拨千斤"的作用，目前已完成第八批两型产品政府采购目录的动态调整。

2.3.2 践行基本民生观，将解决突出环境问题作为生态惠民的着力点

习近平在湖南考察时强调在生态保护修复时要同步做好民生保障工作。新时代人民对美好生态环境和生活质量的期盼日益迫切，而"雾霾围城""污水围城""垃圾围城"等现象都显示现有的污染消纳处理渠道和能力与环保需求难以完全匹配，解决突出环境问题、化解公众环境焦虑是生态文明建设的基本要求。

一是推进"一湖四水"治理，实现水更清。2013年来，湖南一直将湘江流域保护和治理作为"一号重点工程"推进，成立湘江保护协调委员会，目前已出台实施湘江保护和治理第三个三年行动计划；2017年，"还我大美洞庭"的攻坚战在湖南全面打响，随着欧美杨树采伐迹地更新、湖区树种结构调整等修复措施显现成效，大通湖水环境、洞庭湖矮围网围、河道采砂等综合整治项目深入开展，湖区湿地生态功能正逐步恢复和提升。湘江、洞庭湖治理经验正向"一湖四水"全面延伸推广，江河湖库五级河长体系已覆盖全省。其中，永州施行的"官方-民间"双河长制被水利部提

名为"十大基层治水经验"，湘江干流水质连续多年达到Ⅲ类及以上标准，守护好"一湖四水"也成为湖南融入长江经济带绿色发展战略的先决条件。

二是推进复绿治霾联防联建，实现天更蓝。强化源头治理，深入实施火电、钢铁、水泥等重点行业脱硫脱硝、城市建筑和道路扬尘治理、机动车排气污染防治；推动联防联控，强化大气污染特护期长株潭及污染传输通道城市联动响应，实现PM2.5实时监测数据全省覆盖；加强护绿增绿，创新性设立长株潭城际绿心地区，阻止城建"摊大饼"，建设林地和江湖风光带，长江岸线湖南段沿线163 km造林绿化任务全面完成，全省森林覆盖率提高至接近60%，全省14个城市环境空气平均优良天数比例为接近84%。

三是推进工矿区和耕地土壤修复长效模式，实现地更净。积极探索土壤重金属治理适用性技术和社会资本介入模式，推进老工业区、矿山、耕地土地修复。探索"土壤修复＋流转"模式，实现对具有较高商住价值的工业场地滚动修复；探索旅游休闲复绿模式，对有区位优势的矿山、矿坑将复绿整治与发展矿冶地质文化旅游相结合；探索村镇建设复垦模式，将复垦整治、种植结构调整与村庄规划、产业规划相结合，引进农业产业化龙头企业，推动"公司＋农户"形式，组建农业开发公司联合治理。

四是推进餐厨和生活垃圾资源化利用，实现居更佳。长沙餐厨垃圾管理形成市场BOT运营的良好样板，通过授予中标企业长期特许经营权，企业与餐厨垃圾生产单位签订收运协议，配合政府电子监管，实现长效运营和资源化利用；创新"以县为主、市级补贴、镇村分担、农民自治"投入机制，引导农村生活方式深刻变革，推动农村生活垃圾减量和分散处理。

2.3.3　践行生态政绩观，将绿色考评作为政府生态建设积极作为的指挥棒

习近平在湖南考察时强调要"落实生态环境保护责任制，坚决打好蓝天、碧水、净土保卫战。"改变以往对干部考核重经济指标、唯GDP论的

考核导向，纳入和强化生态文明的目标要求，这是推动政府关注生态环保、主动作为，破解生态文明建设"吉登斯悖论"的重要保障。

一是创新和改善两型社会建设考评体系。湖南省统计局、两型工委研发了资源节约、环境友好、经济社会三大领域39项具体指标的两型社会建设综合评价体系，并分年度、季度、月度发布"成绩单"；改善已有考评体系，将资源节约、环境友好纳入全省新型工业化、新型城镇化两大考评体系，权重占比达到30%以上。

二是探索开展绿色GDP核算考评试点。制定《绿色GDP评价指标体系》，探索将资源消耗、环境损害、生态效益等纳入GDP核算框架，对全省79个限制开发县市区取消人均GDP考核，韶山率先试点开展了绿色GDP评价改革，"绿色"政绩突出的部门、乡镇主要负责人得到提拔使用。

三是建立环保责任清单强化责任追究。探索编制自然资源资产负债表，建立领导干部资源环境离任审计制度，将资源环境指标作为党政领导干部和国企领导人员任期经济责任审计的重点内容，引导领导干部转变政绩观念；实行环境事故"一票否决"责任制度；在湘江流域率先对各级政府"一把手"实施生态环境损害责任终身追究制度。

2.3.4 践行严密法治观，将建章立制作为生态建设有序推进的基准线

生态文明建设和改革既不能故步自封，也不能急躁冒进，落实和创新相应的法律法规、标准体系，是回答湖南如何因地制宜，建设怎样的生态文明，怎样建设生态文明的现实需求。

一是以两型试验区为核心探索健全规划法制体系。构建了以长株潭城市群区域规划、总体改革方案为总领，涵盖14个专项规划、10个专项改革方案、17个示范片区规划和87个市域规划构成的顶层设计框架，形成了两型试验区绿色发展的"路线图"。同时，主动对接"一带一部"等国家对湖南的发展定位，调整形成长株潭城市群区域规划"升级版"。

二是充分运用地方立法权，推进生态建设自主性、创新性立法。《长株潭城市群区域规划条例》《长株潭城市群生态绿心地区保护条例》等法规文件构成了为城市群生态建设保驾护航的法律制度框架；出台全国第一部流域地方法规《湖南湘江保护条例》，推动依法管水治水，印发《湖南省长江经济带发展负面清单实施细则（试行）》，依法管束涉长江流域经济活动；实施《湖南省环境空气质量奖惩暂行办法》，建立起环境空气质量改善的考核和补偿机制；修订颁布《湖南省环境保护条例》，进一步细化了环境管理制度，加大惩处力度，强化了新时期政府和企业的环境责任。

三是注重标准引导，发布了两型社会建设制定系列成套标准。绿色生产方面，制定了两型产业、园区、企业等系列标准，推动传统产业改造和两型产业发展；新型城镇化方面，制定了两型县、镇、村庄，两型建筑、交通等系列标准；公共服务领域方面，制定了两型机关、学校、医院、社区、家庭、旅游景区等系列标准，带动了各类示范创建的开展。

四是创新监督体系和执法方式，确保各项法律法规制度和标准要求的落实。强化大数据监督，建设了全国首个省级综合性节能减排监管平台，实现了跨部门兼容，并与国际国内碳汇市场接轨，株洲率先推行的"数字环保"系统全国领先；强化公众监督，2013年伊始，长株潭PM2.5监测试点公开运行并广泛接受公众监督，并推广至全省各市（州）、县；创新执法方式，突出跨区域、多部门综合执法、联动执法，在资源环境领域实施了相对集中的行政处罚权、许可权等执法实践；发挥督查督办监督作用，率先建立省级环保督查机制，全力推进了生态环境机构监测监察执法垂直管理制度改革，设立了省级督察机构并配备督察专员，同时在全国独创省级自然资源督察机制，得到国家相关部委高度评价。

2.3.5 践行多元治理观，将全社会参与作为生态治理稳定长效的压舱石

按照"使市场在资源配置中起决定性作用，更好发挥政府作用"的思

路，充分发挥政府顶层引导、市场利益驱动、公众自觉行为的作用，实现全社会参与生态治理，是探索生态治理长效方案、巩固生态治理成果的充要条件。

一是用好政府"有形之手"，促进生态治理跨区域、部门统筹。设立了高规格、跨行政区域和职能部门的综合协调管理机构——湖南省两型工委、管委会，建立运行了省环境保护联席会议制度，有力破解了区域/部门利益独立、事权分割和产权不清的环保困境；编制了多层次、全覆盖的两型改革建设规划体系，促进生态建设一张蓝图绘到底；向全省推出三批60余项改革创新案例，激励各地自主探索长效机制；颁布实施《湖南省环境保护责任规定（试行）》和《湖南省重大环境问题（事件）责任追究办法（试行）》，建立责权明晰的省级环保责任体系。

二是用好市场"无形之手"，实现生态治理规模效益和利益联结。推进资源价格杠杆调节，在工业行业实施差别电价政策，在全国率先全面实行民用阶梯水电气价格制度；推进资源环境产权制度改革，率先将重金属污染物纳入排污权交易标的，目前湖南在湘、资、沅、澧"四水"干流和重要的一、二级支流已开始全面建立流域横向生态保护补偿机制，按照国家推进建立市场化、多元化生态补偿机制，激发全社会参与生态保护补偿积极性的要求，2020年出台的《关于建立长株潭城市群生态绿心地区生态补偿机制的实施意见》中明确鼓励企业法人、自然人以及其他社会团体积极参与，作为合法市场主体，供给或购买生态产品；推进市场化环境治理，在城乡污水和垃圾处理、土壤修复、河湖治理、能源管理等领域引入合同环境服务、PPP、特许经营、委托运营等第三方治理模式，株洲清水塘、湘潭竹埠港第三方治理获得中央专项支持；推动绿色金融、绿色信贷、绿色保险产品创新，建立了全国首支两型基金，发行了全国首支流域治理债券，环境风险责任强制性保险得到原环境保护部肯定。

三是用好社会"自治之手"，推动生态治理中的公众自我价值实现。

积极引导社会组织参与生态建设，产生了"湘江卫士""绿色湘军"等有影响力的公益、平台组织；深入开展中小学两型教育，编印并免费发放学生教育读本，形成"教育一个孩子、带动一个家庭、影响一片社区"的两型教育模式；社区居民和村民环保自治成为城乡环保的一大亮点。

四是用好文化"传播之手"，通过"润物细无声"的渗透，奏响全民生态建设"大合唱"。引领主流思潮，纠正部分干部、群众认为"发展不足地区做生态建设就是守着穷山恶水过苦日子"的想法；经营生态文化，大力发展两型文创产业和事业，让产业轻起来、事业绿起来深入人心；重构消费时尚，再提菜篮子、布袋子，"爱心交换""光盘行动""绿色出行"渐成潮流；精心传媒策划，依托线上线下设置两型社会建设各类公众议程。

湖南以习近平生态文明思想为指导，服从国家发展理念、服务国家发展大局，推动生态治理长久、永续，但是生态文明建设作为一项长期、复杂而艰巨的任务，湖南也面临着不少新的困难挑战，还需要通过不断实践继续积累经验、开拓创新。如污染治理已进入攻坚克难期，无论是历史遗留问题还是新型污染问题，都需要进一步加强与外省乃至国际方面的技术、产能合作，而这要求补足湖南开放发展的相对短板；"一湖四水"治理已显成效，但如何更有效融入长江经济带绿色发展，并推动长江经济带上下游省市间生态补偿仍需探索；市场化运作与法规衔接问题，如第三方治理中各参与方法律责任界定和责任转移处理方式仍需更清晰的配套法制支撑；推行绿色GDP考核中，尚缺乏普遍共识可操作的核算方法，且结果难以比对等。这些都有待在下一阶段的实践中查缺补漏、锐意革新和探索完善。

第3章
湖南省生态强省建设成效分析及对策研究

　　党的十八大以来，党中央、国务院高度重视生态文明建设，相继出台了一系列重大决策部署，先后印发了《关于加快推进生态文明建设的意见》（中发〔2015〕12号）《生态文明体制改革总体方案》（中发〔2015〕25号）《关于全面加强生态环境保护　坚决打好污染防治攻坚战的意见》（中发〔2018〕17号）和《关于构建现代环境治理体系的指导意见》（中办发〔2020〕6号）等重要文件。推动实施了生态文明体制改革，建立了生态文明制度体系，提出"绿色发展"理念与构建现代环境治理体系的要求，生态文明建设取得了重大进展和积极成效。湖南省省委、省政府高度重视生态文明建设工作，2016年，中国共产党湖南省第十一次代表大会作出建设"生态强省"的战略部署，提出要建设山清水秀、天朗地净、家园更美好的美丽湖南。2018年，湖南省第十三届人民代表大会常务委员会第五次会议作出了《关于加快推进生态强省建设的决定》，明确将生态强省建设作为当前推进生态文明建设的一个重要抓手。本章全面分析湖南省生态强省建设取得的成效与面临的挑战，据此提出对策建议，以期为全国生态文明建设工作提供借鉴。

3.1 区域概况

湖南省地处云贵高原向江南丘陵和南岭山脉向江汉平原的过渡地带，拥有山清水秀的生态优势，拥有长江第二大支流湘江和全国第二大淡水湖洞庭湖。以洞庭湖为中心，以武陵－雪峰、南岭、罗霄－幕阜山脉为构架，以湘、资、沅、澧水系为脉络，"一江一湖三山四水"构成了湖南的生态安全屏障。

在环境质量方面，2020 年，全省 60 个国家考核断面水质优良率为 93.3%，湘、资、沅、澧四水干支流全面消除 Ⅴ 类水体，地级城市在用饮用水水源地水质达标率为 100%；地级城市空气质量平均优良率为 91.7%，全省 PM2.5 年均浓度 35 μg/m^3，达标的市级城市由 2015 年的 0 个提升至 7 个；全省安全利用耕地面积 33.38 万 hm^2、严格管控面积 3.17 万 hm^2，完成全省农用地土壤污染状况详查，排查整治 428 家涉镉重金属重点行业企业，建设 55 家国家级绿色矿山，土壤环境质量安全可控。在自然生态方面，2020 年，全省湿地保护总面积 77.27 万 hm^2、淡水面积 135 万 hm^2、森林覆盖率 59.90%；现有 23 个国家级自然保护区、30 个省级自然保护区、64 个国家级森林公园、58 个省级森林公园以及 70 处国家湿地公园，国家级森林公园、国家湿地公园数量居全国第一位；现有水生生物保护区 45 个，水生生物资源丰富，居长江流域第二位；现有 4 个重点生态功能区，面积约 1 000 万 hm^2，占全省面积的 47.3%。

3.2 湖南省生态强省建设成效

3.2.1 生态文明体制改革繁花满枝

湖南省坚持把深化生态文明体制改革作为生态强省建设的核心工作，率先出台全国首个省级生态文明体制改革实施方案，率先建立省级生态环境保护工作责任规定及重大环境问题（事件）责任追究办法，率先将全省环境保护执法机构纳入政府行政执法机构保障序列。截至 2020 年底,《湖南省生态文明体制改革实施方案（2014—2020 年）》中的改革任务基本完成，初步形成了系统完备、科学规范、运行有效的生态文明制度体系；构建了资源环境承载能力监测预警机制，已形成 122 个县市区监测预警试评价初步成果；建立了区域与流域相结合，市场化、多元化的生态补偿机制；健全落实了生态环境损害赔偿制度，推动多起生态环境公益诉讼、鉴定评估工作。

3.2.2 污染防治攻坚战成效显著

湖南省陆续制定出台了《湖南省污染防治攻坚战三年行动计划（2018-2020 年）》《湘江保护和治理"三年行动计划"实施方案》《长江保护修复攻坚战八大重点专项行动湖南省落实方案》等一系列方案。以长沙、株洲、湘潭等大气传输通道城市为重点，加强联防联控，推进火电、钢铁行业超低排放和锅炉窑炉改造，强化 VOCs 等重点行业治理；以"一湖四水"为主战场，推进湘江保护和治理、洞庭湖生态环境综合整治、污水处理设施建设、黑臭水体治理、工业园区和饮用水水源地问题整治；围绕保障"米袋子""菜篮子""水缸子"安全，推进受污染耕地和受污染地块安全利用和管控。湖南省在 2019 年度全国污染防治攻坚战成效考核中被评定为优秀，污染防治攻坚战工作取得了明显成效。

3.2.3 生态环境保护立法硕果累累

湖南省高度重视生态环境保护立法工作，结合国家相关法律法规，陆续推动修订出台了《湖南省环境保护条例》《湖南省大气污染防治条例》《湖南省饮用水水源保护条例》《湖南省湘江保护条例》《湖南省东江湖水环境保护条例》《湖南省实施〈中华人民共和国固体废物污染环境防治法〉办法》和《湖南省实施〈中华人民共和国土壤污染防治法〉办法》等一系列地方性法规及规范性文件。各市州根据自身实际情况，因地制宜出台了环境保护地方性法规，如《张家界市扬尘污染防治条例》《株洲市畜禽养殖污染防治条例》《湘西土家族苗族自治州生物多样性保护条例》《长沙市湘江流域水污染防治条例》与《江华瑶族自治县生态环境保护条例》等，为加强生态环境保护、打好污染防治攻坚战提供有力保障。

3.2.4　生态环境分区管控体系初步建立

作为全国生态保护红线与"三线一单"编制试点省份，湖南省立足"东部沿海地区和中西部地区过渡带、长江开放经济带和沿海开放经济带结合部"的战略地位，统筹划定了生态保护红线，初步建立了"三线一单"生态环境分区管控体系，以生态环境高水平保护为经济高质量发展保驾护航。2015年4月，湖南省在资兴市、宜章县、汝城县、桂东县等地开展生态保护红线划定试点。在此基础上，全面划定湖南省生态保护红线，2018年7月，由省政府正式发布实施，划定生态保护红线面积428万 hm²，占全省面积20.23%。2017年以来，湖南高位推进全省"三线一单"编制工作，先后出台了《长江经济带战略环境评价湖南省"三线一单"编制工作技术方案》《关于实施"三线一单"生态环境分区管控的意见》和《湖南省"三线一单"生态环境总体管控要求暨省级以上产业园区生态环境准入清单》，率先构建了"1+4+14+860"塔型清单体系，成为全国首个发布全域环境管控单元生态环境准入清单的省份。2020年1月1日，新修订的《湖南省环境保护条例》增加了"三线一单"管控要求，率先从省级层面解决了"三线一单"的法律地位。

3.2.5　生态文明示范创建深入推进

近年来，湖南省在开展生态文明示范创建工作的同时不断完善管理制度。2018年，原湖南省环境保护厅出台了《湖南省生态文明建设示范区创建管理规程（试行）》和《湖南省生态文明建设示范县、市指标（试行）》，为湖南省级生态文明示范区建设管理提供了遵循。2020年，湖南省生态环境厅修订形成了《湖南省生态文明建设示范市县创建管理规程》和《湖南省生态文明建设示范市县指标》，永州、怀化、郴州、常德等多个地级市制定并出台了地市级《生态文明建设示范村镇管理规程》与《生态文明建设示范村镇建设指标》，规范了乡镇创建工作。在省级生态文明示范创建特色指标设置方面，增设生态文明建设示范镇村创建开展指标和农药化肥施用强度指标，为湖南省生态文明示范创建创出"湘味特色"提供了指引。2017—2020 年，湖南省已累计建成 11 个国家生态文明建设示范市县，26 个省级生态文明建设示范区，生态文明示范创建工作跻身全国第一方阵。

3.3 湖南省生态强省建设面临的挑战

3.3.1 生态强省建设缺乏纲领性文件引导

2017 年，湖南省虽启动了《湖南省生态强省建设规划纲要》编制，但一直未发布实施。2018 年，湖南省省委、省人大出台了《关于坚持生态优先绿色发展深入实施长江经济带发展战略大力推动湖南高质量发展的决议》《关于加快推进生态强省建设的决定》等文件，但未提出生态强省建设的具体目标指标。生态强省建设的顶层设计仍有待进一步加强和完善，亟须出台一份指导全省生态强省建设的纲领性文件来总揽全局、协调各方力量形成建设合力。

3.3.2 生态环境质量持续改善成效不稳固

近年来，湖南省先后实施了"一号重点工程""污染防治攻坚战三年行动计划（2018—2020 年）"等专项行动，打响了污染防治攻坚战"夏季攻势"品牌，生态环境质量持续改善，但距离建设美丽湖南的目标还有一定差距。一是环境空气质量改善幅度不稳定，甚至出现反弹，改善幅度低于同期全国平均水平，环境空气质量达到《环境空气质量标准》

（GB 3095-2012）二级标准的城市数量较少，重污染天气的影响依然突出。二是区域水环境质量不容乐观，湘江、资江还有部分支流断面超标，洞庭湖总磷超标问题短时间难以解决，主要水污染物排放量仍处于高位，减排压力较大。三是土壤风险隐患未完全消除到位，五大重点区域遗留污染较多，短时间难以处理到位。土壤总点位超标率高于全国平均水平，历史遗留重金属废渣量在全国排名第三，郴州三十六湾、娄底锡矿山还有部分支流断面重金属超标。四是自然保护地分布零散，缺乏整体性布局，自然保护地管护基础薄弱，监管难度大，生态保护红线监管能力不足，生态文明示范创建有待加强，生物多样性保护能力不足，山水林田湖草保护系统性不强。五是农村畜禽养殖废水、固体废物处理问题依然存在，农村生活污水尚未得到妥善处理，农村生活垃圾无害化处理率、达标率还比较低，农村饮用水安全保障难度大。

3.3.3 生态产品价值实现机制有待完善

生态产品价值实现机制包括生态补偿、生态权属交易、资源开发利用、绿色金融支持等多种路径。目前，湖南省尚未开展生态产品价值实现机制试点工作，生态产品价值实现机制有待完善。一是湖南省尚未制定生态产品价值核算指南和技术准则，生态产品价值核算工作未启动，存在"生态家底"不清的问题；二是在湖南省范围内，对各类型生态公益林试行同一补偿标准，生态公益林补偿标准同商品林收益相比差距较大，生态公益林补偿制度、补偿对象、补偿责任、补偿方式和补偿标准还存在诸多问题；三是湖南省在推动金融体系的绿色化转型发展过程中，依然存在绿色金融产品和服务体系不完善、绿色金融风险防范机制不健全、绿色金融基础设施相对落后等问题。

3.4　湖南省生态强省建设对策建议

3.4.1　加快推进生态文明地方立法，高位推进生态强省建设

生态文明入宪为我国生态文明法律体系的完善提供了直接的宪法依据，许多地区的立法实践经验为《湖南省生态文明促进条例》的制定提供了很好的借鉴参考。一方面，学习江西、贵州、福建等省在立法、建章立制、标准化等方面的工作经验，加快湖南省地方生态文明建设立法进程，完善生态文明法规体系、制度体系、技术标准体系；另一方面，借鉴浙江省生态省建设经验，成立由省委书记任组长的美丽湖南建设工作领导小组，加强顶层设计，编制并实施生态强省建设专项规划或实施方案等纲领性文件，以高水平生态环境保护推动高质量发展，在生态文明建设上展现新作为。

3.4.2　深入推进生态文明示范创建，做好生态强省细胞工程

生态文明示范创建作为当前推进生态文明建设的一个重要载体和平台，湖南省应将深入打好污染防治攻坚战重点任务有机融入生态文明示范创建，抓好生态文明示范创建这一生态强省建设的细胞工程。一方面，优化生态文明示范创建工作机制，加强正面引导，推动监理健全资金支持、项目支持、政策支持与绩效考核加分等激励机制，鼓励有条件的地区建设生态文明建设示范市县、"绿水青山就是金山银山"实践创新基地、生态文明建设示范乡镇、村；另一方面，系统总结湖南省绿色发展示范案例，探索可复制、可推广的生态文明创建典型模式，提炼"绿水青山就是金山银山"转化模式路线，推广"郴州资兴市"绿水青山就是金山银山实践创新基地的典型经验做法，推动绿水青山就是金山银山理念在湖南省落地生根。

3.4.3　建立健全生态产品价值实现机制，助推乡村振兴绿色发展

乡村是"山水林田湖草"等生态因子构成且比较完整的立体生态系统，

乡村振兴是承载生态文明建设的最大载体。建立生态产品价值实现机制是贯彻落实习近平总书记生态文明思想、践行"绿水青山就是金山银山"理念的重要举措，也是乡村振兴绿色发展的内在要求。一方面，通过生态补偿、生态资源指标及产权交易、生态修复及价值提升、生态产业化经营等方式，探索湖南特色的政府主导、企业和社会各界参与、市场化运作、可持续的生态产品价值实现路径，建立健全"保护生态环境就是保护生产力、改善生态环境就是发展生产力"的利益导向机制，引导和倒逼形成乡村绿色发展方式、生产方式和生活方式，引导形成生态环境保护和经济发展协同推进的新模式；另一方面，构建绿色高效的乡村产业体系是乡村产业振兴的重要途径，生态宜居是乡村振兴战略的重要任务，应根据湖南省长株潭、环洞庭湖、泛湘南、大湘西4个区域的区位条件、地形地貌和资源禀赋特点，科学确定生态产品价值实现方向，因地制宜实施生态旅游、生态农业、生态林业、生态畜牧业等生态经济工程，以绿色发展助推乡村产业振兴，筑牢"绿水青山"变为"金山银山"的生态基础。

3.4.4 全面推进经济社会发展绿色转型，努力构建绿色低碳生活

第75届联合国大会上，中国提出了2030年前碳达峰、2060年前碳中和的目标，党的十九届五中全会要求促进经济社会发展全面绿色转型，湖南省应在落实国家碳排放达峰行动方案的基础上，调整优化产业结构和能源结构，构建绿色低碳循环发展的经济体系，促进经济社会发展全面绿色转型。一方面，通过绿色金融、低碳技术等方式助力产业低碳转型，选取钢铁、建材、化工、有色、交通运输等重点耗能行业试点节能降耗改造，有效控制重点行业碳排放；增加对低碳技术科技研发的投入，推动新能源、低碳产业领域的技术研发、产品的创新和市场的拓展；持续加强森林资源培育，努力增加森林碳汇，积极参与全国碳排放权交易市场建设。另一方面，推广清洁低碳技术，开展低碳城市、园区、社区、景区试点示范，实

施近零碳排放区示范工程；持续推进"美丽湖南，我是行动者"主题实践活动，加大全省环境教育基地和环保设施向公众开放力度；培育低碳消费市场，推广绿色低碳生活方式。

第4章
湖南省生态文明示范创建的实践与探索

党的十八大以来，党中央、国务院高度重视生态文明建设，相继出台了一系列重大决策部署，推动生态文明建设取得了重大进展和积极成效。2018年，中共中央、国务院印发《关于全面加强生态环境保护　坚决打好污染防治攻坚战的意见》，明确提出"推动生态文明示范创建、绿水青山就是金山银山实践创新基地建设活动"，为深入开展示范创建工作提供了重要依据。2019年，生态环境部修订印发了《国家生态文明建设示范市县建设指标》与《国家生态文明建设示范市县管理规程》，为生态文明示范建设管理指明了方向。

示范创建作为当前推进生态文明建设的一个重要载体和平台，许多地区正在着力推进生态文明建设示范区创建工作。湖南省委、省政府高度重视生态文明建设工作，2016年，在省第十一次党代会上作出建设"生态强省"的战略部署，提出要建设山清水秀、天朗地净、家园更美好的美丽湖南。2018年，湖南省第十三届人民代表大会常务委员会第五次会议作出了《关于加快推进生态强省建设的决定》。2019年，省委十一届九次全体会议作出了《关于深入学习贯彻党的十九届四中全会精神为加快建设富饶美丽幸福新湖南提供有力制度保障的决议》，明确提出把"支持创建一批国家级、省级生态文明建设示范市县"作为完善生态文明制度体系、加快建设生态强省的一项重要工作。本章全面分析湖南省生态文明示范创建实践成效以及存在的问题，提出创建对策，为全国生态文明示范创建工作提供借鉴。

4.1 湖南省生态文明示范创建实践成效

4.1.1 示范创建工作成效显著

自 2013 年中央批准由原环境保护部组织开展生态文明创建工作以来，全国许多省份积极开展生态文明示范创建工作。2017—2020 年，生态环境部分四批次命名了 262 个国家生态文明建设示范市县。这期间，湖南省成功创建 11 个国家生态文明建设示范县（市、区），26 个省级生态文明建设示范市县（市、区），数量位居全国第六位，生态文明示范创建工作跻身全国第一方阵。湖南省 2017—2020 年生态文明示范创建成果如图 4.1 所示。

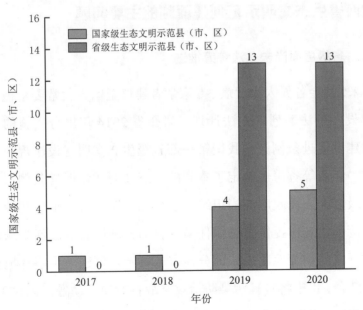

图 4.1 2017—2020 年湖南省生态文明示范创建成果（单位：个）

4.1.2 示范创建管理制度不断完善

近年来，湖南省在大力推进生态文明示范创建工作的同时，不断完善管理制度。2018 年，原湖南省环境保护厅出台了《湖南省生态文明建设示范区创建管理规程（试行）》和《湖南省生态文明建设示范县、市指标（试行）》，为湖南省级生态文明示范区建设管理提供了遵循。2020 年，湖南省生态环境厅修订形成了《湖南省生态文明建设示范市县创建管理规程》和《湖南省生态文明建设示范市县指标》，永州、怀化、郴州、常德等多个地级市制定并出台了地市级《生态文明建设示范村镇管理规程》与《生态文明建设示范村镇建设指标》，规范了村镇创建工作。在湖南特色的地方指标设置方面，《湖南省生态文明建设示范市县指标》生态制度领域在国家创建指标的基础上增设生态文明建设示范镇村创建开展指标，生态经济领域在国家创建指标的基础上增设农药化肥施用强度指标，为湖南省生态文明建设创出"湘味特色"提供了指引。

4.2 湖南省生态文明示范创建面临的主要问题

4.2.1 省级层面尚未立法统筹推进

近年来，社会各界人大代表、专家学者建议全国人大常委会把制定《生态文明建设促进法》列入立法计划。贵州省 2014 年出台实施的《贵州省生态文明建设促进条例》是我国第一部省级生态文明建设法规，云南、福建、西藏、江西等省份也制定了本省的生态文明建设促进条例，并在条例中明确县级以上人民政府应当组织开展生态文明建设示范创建活动，为生态文明示范创建工作提供了法律保障。目前，湖南省级层面尚未出台生态文明建设领域的纲领性法规，部分地市未将示范创建与生态环境保护重点工作有机结合，也未将打赢污染防治攻坚战各专项行动融入创建工作中去，一边搞创建，一边纵容破坏生态环境的现象时有发生。

4.2.2 创建规划引领作用有待加强

目前，国家与湖南省均未出台生态文明建设规划编制指南，部分地方政府重视程度不够，对生态文明示范创建的重要性认识不到位，将创建工作单纯认为是生态环境部门的工作，没有形成整合多部门力量共同推进的机制，创建规划的顶层设计还不够，将示范创建工作与区域经济社会发展和各项工作的结合度不够，生态文明建设服务经济高质量发展的亮点不够明显。湖南省部分已颁布实施的县（市、区）生态文明建设规划未充分结合地方中长期发展规划做好战略考虑，地方特色不突出，示范效应不明显。主要存在以下两个方面的问题：理论研究方面，一是定位不明，虚化弱化明显；二是缺少规范，质量参差不齐；三是内容失衡，可操作性不强。实践应用方面，一是规划针对性不强，对地方生态文明建设指导力度不够；二是规划与相关部门的配套衔接不畅通，重点工程难落地；三是规划配套保障措施不完善，公众参与的长效机制未完全建立。

4.2.3 示范创建激励机制有待完善

生态文明示范创建工作点多面广，工作持续周期长，重点项目建设资金投入大。目前，山东、湖北、四川、安徽等省份对成功创建的地区给予的资金奖补或政策支持力度较大，山东省将生态文明建设示范区作为"全省县域经济高质量发展差异化评价实施方案"中唯一的加分项指标，在省级生态文明建设财政奖补资金中，设置对创建成功地区的奖补；湖北省恩施州出台了《恩施州创建国家级省级生态文明建设示范县（市）奖励办法》，从州级财政资金对获得省级和国家级生态文明建设示范县（市）命名的，分别奖励1 000万元、2 000万元；四川省给予每个成功创建的地区800万元的奖补资金；安徽省对生态文明示范创建取得突出成效的市、县（市、区）按照市级500万元、县级400万元标准予以奖励。对比来看，湖南省目前对于国家级生态文明建设示范市县和省级生态文明建设示范市县分别给予100万和50万的奖补，各地市州未对创建国家级、省级生态文明建设示范市县给予补助奖励资金。与先进省份相比，湖南省生态环保资金支持、项目支持、政策支持与绩效考核加分向生态文明建设示范区倾斜的力度和手段明显不足。

4.2.4 示范创建层次不高氛围不浓

生态文明建设示范区创建考核周期较长，从启动到最终命名时间需要数年，创建的工作层次水平直接影响县（市、区）的积极性、主动性。目前，浙江省生态文明示范创建工作由美丽浙江建设领导小组牵头组织实施，省委书记任组长，2018 年以省人民政府名义发布《浙江省生态文明示范创建行动计划》，于 2020 年建成中国首个生态省，从开始创建至通过验收历时 16 年。对比来看，湖南省目前尚未形成省领导任组长的工作协调机制，尚未纳入国家生态省建设试点。从地域分布上看，湖南省开展生态文明建设示范区创建工作积极的县（市、区），大多分布在国家重点生态功能区较多的怀化和永州两个地市，娄底、衡阳等中部地市较少；从工作力度来看，永州、怀化两市基本形成了扎实推进、上下联动、广泛参与的良好局面，株洲、湘潭、益阳等地市的工作进展缓慢；从长效机制来看，部分地区仅满足于"拿牌子"，获得荣誉后工作懈怠，出现环境质量下降或监管不到位的情况，全面参与生态文明建设的氛围还不浓厚。

4.3 湖南省生态文明示范创建对策探索

4.3.1 加快推进地方立法，高位谋划示范创建工作

近年来，国家围绕生态文明建设的顶层制度设计不断完善，许多地区的立法实践经验为制订地方生态文明促进条例提供了很好的借鉴参考。一是建议湖南省人大常委会尽快开展《湖南省生态文明促进条例》立法调研工作，在条例中明确县级以上人民政府应当组织开展生态文明建设示范创建活动，为生态文明示范创建工作提供了法律保障；二是借鉴浙江省生态省建设经验，成立由省委书记任组长的美丽湖南建设工作领导小组，高位谋划生态文明示范创建；三是高水平规划建设新时代美丽湖南，以省人民

政府名义出台《湖南省生态文明示范创建行动计划》，在生态文明建设上展现新作为。

4.3.2 强化正向激励机制，激发全民参与创建热情

健全完善示范创建激励机制是深入推进示范创建的关键因素。一是设立湖南省生态文明建设专项基金，用于支持生态文明建设的重点项目，地方财政按照现行事权、财权划分原则，分级负担生态文明建设专项资金，并纳入本级财政年度预算；二是研究制订《湖南省创建国家级省级生态文明建设示范县（市）奖励办法》，为生态文明示范创建提供资金保障；三是将生态文明示范创建工作和成效纳入各市州污染防治攻坚战考核、绩效考核加分事项，将创建成果作为重点生态功能区转移支付和生态补偿的重要参考依据，推动示范创建取得新的突破。

4.3.3 规范创建过程管理，健全完善长效工作机制

建立规范化、制度化的生态文明示范创建工作机制。一是进一步规范生态文明建设示范区规划评审、核查命名和监督管理的管理和考评，制定省级生态文明建设示范区创建规划编制指南、评审指南以及核查命名规范等，确保规划的质量和可操作性；二是进一步加大对示范市县的监督管理力度，建立监督考核和长效管理机制，对成功创建的示范市县定期进行复核，对于组织工作开展不力的、建设成效下降的、发生重特大生态环境事件的将视情况予以警告或撤销称号处理，并给予绩效考核扣分；三是通过组织培训、召开交流学习会议、典型推介现场会等方式，加强研究、学习和交流，增强示范引领效应，提升各级党委政府的创建意识，明确创建主体责任，不断提升各地推进示范创建工作的能力。同时，可以组织到先进的省份如浙江、山东等调研学习，学习先进的创建经验，探索可复制、可推广的生态文明创建典型模式，打造湖南省生态文明示范创建样板。

第 5 章
湖南省生态文明示范创建的典型模式

20 世纪 90 年代以来，生态环境部门先后组织以省、市、县为单位，通过试点示范探索将生态环境保护融入地方"三位一体""四位一体"建设各方面和全过程，开展了生态建设示范区（1995—1999 年）、生态示范区（2000—2013 年）的建设，取得了良好的效果。生态示范区、国家环保模范城市、生态省、生态文明先行示范区、生态文明建设示范区作为推进生态文明建设的不同阶段，是推进生态文明建设的有效载体。生态文明示范创建是深入贯彻习近平生态文明思想的重要抓手，是全面落实湖南省"三高四新"战略的有效手段，作为一场包括发展方式、生活方式、治理体系的深刻变革，深入推进生态文明示范创建对于推动区域高质量发展、提升地方竞争力有着重要作用。本章重点针对生态环境部推行的生态文明建设示范区创建工作在湖南的实践进行分析，回顾湖南省生态文明示范创建发展历程与实践探索，提出湖南省生态文明示范创建的典型模式，为生态文明建设的有效开展和持续推进提供依据。

5.1 湖南省生态文明示范创建回顾分析

5.1.1 发展历程与政策实践

以 1995 年启动实施生态建设示范区为起点，原环境保护部对生态文明建设进行了持续的探索和实践，2000 年以来，以生态省、市、县等 6 个层级建设为主要内容，积极推进"生态建设示范区"创建工作，2013 年，中央批准将"生态建设示范区"正式更名为"生态文明建设示范区"。自 2013 年以来，湖南省生态文明示范创建工作经历了从起步探索到发展提升，再到深入推进三个阶段，期间国家及湖南省出台了一系列相关政策（表 5.1），推动了生态文明建设向纵深发展。

（1）起步探索阶段（2013—2016 年）

这一时期，国家有关部委开展了一系列生态文明建设领域的创建试点，在模式探索、制度创新等方面取得了一定成效，但也存在着试点过多过散、重复交叉等问题。如水利部在《关于加快推进水生态文明建设工作的意见》（水资源〔2013〕1 号）中提出的全国水生态文明市创建；原国家林业局在《推进生态文明建设规划纲要（2013—2020 年）》（林规发〔2013〕146 号）中提出的生态文明示范工程试点市（县）与国家生态文明教育基地创建；国家发改委在《关于印发国家生态文明先行示范区建设方案（试行）的通知》（发改环资〔2013〕2420 号）中提出开展的生态文明先行示范区创建；原环境保护部在《关于大力推进生态文明建设示范区工作的意见》（环发〔2013〕121 号）中明确的生态文明建设示范区创建。此阶段，生态文明建设示范区创建工作中还存在理论支撑不充分、政策支持不足、对地方的指导有待加强、工作开展尚不平衡等诸多不足。

湖南省湘江源头区域、武陵山片区、衡阳市、原宁乡县在湖南省率先开展了国家生态文明先行示范区建设探索，2014 年 6 月，湘江源头区域、武陵山片区被列为第一批生态文明先行示范区建设地区，2015 年 12 月，衡阳市、原宁乡县被列为第二批生态文明先行示范区建设地区。

（2）发展提升阶段（2017—2019 年）

这一时期，《关于全面加强生态环境保护　坚决打好污染防治攻坚战的意见》（中发〔2018〕17 号）的出台，为深入开展生态文明示范创建工作提供了重要依据。期间国家与湖南省出台了一系列政策，进一步规范了国家生态文明建设示范区创建工作，并将国家生态文明示范创建纳入国家重点生态功能区县域生态环境质量监测评价与考核工作监管的指标考核，明确了创建作为推进生态文明建设和环境保护工作的重要平台载体作用。

湖南省启动了省级生态文明建设示范区创建工作，将创建国家级、省级生态文明建设示范市县作为完善生态文明制度体系，加快建设生态强省重要抓手。江华瑶族自治县在湖南省率先开展了国家生态文明建设示范创建的生动实践，2017年9月，江华瑶族自治县被命名为国家生态文明建设示范县，是全国首批、湖南省首个获得命名的县级城市。

（3）深入推进阶段（2020年至今）

这一时期，《关于加强生态保护监管工作的意见》（环生态[2020]73号）的出台，提出了完善生态文明示范建设体系，将生态文明建设和深入打好污染防治攻坚战重点任务有机融入生态文明示范建设，强化示范建设在协同推进高水平保护与高质量发展方面的重要作用。近期，中共中央、国务院印发了《关于深入打好污染防治攻坚战的意见》，明确提出"十四五"期间深入推动生态文明示范创建和美丽中国地方实践。

湖南省率先在省级层面制定了生态文明示范创建地方特色指标及创建实施细则，在省级环保专项资金中增加了对生态文明示范创建的奖励制度，对获得省级与国家生态文明建设示范市县称号的地区分别给予50万元、100万元的奖补资金，从构建现代环境治理体系中的完善法规政策体系出发，提出建立生态文明建设示范创建激励机制的实施意见。2021年4月，生态环境部与湖南省人民政府在京签署《强化支撑以生态环境高水平保护促进经济高质量发展的合作框架协议》（以下简称《框架协议》），"强化示范引领，加强生态文明示范创建"作为第一项共建内容纳入了《框架协议》；此外，2021年，湖南省政府真抓实干督察激励措施将生态文明示范创建纳入激励实施范围。

表 5.1 湖南省生态文明示范创建相关政策实践

	政策事件	发布时间	发布机构	重点内容
1	《关于大力推进生态文明建设示范区工作的意见》	2013 年	原环境保护部	"生态建设示范区"正式更名为"生态文明建设示范区"
2	《中共中央国务院关于加快推进生态文明建设的意见》	2015 年	中共中央国务院	深入开展生态文明先行示范区建设
3	《关于设立统一规范的国家生态文明试验区的意见》	2016 年	中共中央办公厅、国务院办公厅	设立统一规范的国家生态文明试验区,规范各类试点示范
4	《国家生态文明建设示范区管理规程(试行)》与《国家生态文明建设示范县、市指标(试行)》	2016 年	原环境保护部	规范了国家生态文明建设示范区创建工作,为国家生态文明示范建设管理指明了方向
5	《关于加强环保系列创建监督管理工作的通知》	2017 年	原环境保护部	明确了创建作为推进生态文明建设的重要平台载体
6	《关于加强"十三五"国家重点生态功能区县域生态环境质量监测评价与考核工作的通知》	2017 年	原环境保护部办公厅、财政部办公厅	国家生态文明示范创建纳入监管指标考核
7	《湖南省环境保护专项资金管理办法》	2017 年	湖南省财政厅、原湖南省环保厅	增加了对生态文明示范创建的奖励
8	《关于全面加强生态环境保护 坚决打好污染防治攻坚战的意见》	2018 年	中共中央国务院	推动生态文明示范创建、绿水青山就是金山银山实践创新基地建设活动
9	《关于加快推进生态强省建设的决定》	2018 年	湖南省人大常委会	为我省生态文明建设提供了根本遵循
10	《湖南省生态文明建设示范区创建管理规程(试行)》与《湖南省生态文明建设示范县、市指标(试行)》	2018 年	原湖南省环境保护厅	规范了湖南省生态文明建设示范区创建工作

续表5.1

	政策事件	发布时间	发布机构	重点内容
11	《国家生态文明建设示范市县管理规程》与《国家生态文明建设示范市县建设指标》	2019年	生态环境部	进一步规范了国家生态文明建设示范区创建工作，为国家生态文明示范建设管理指明了方向
12	《关于深入学习贯彻党的十九届四中全会精神 为加快建设富饶美丽幸福新湖南提供有力制度保障的决议》	2019年	中共湖南省委	完善生态文明制度体系，加快建设生态强省，支持创建一批国家级、省级生态文明建设示范市县
13	《关于加强生态保护监管工作的意见》	2020年	生态环境部	深入推进生态文明示范建设，将生态文明建设和深入打好污染防治攻坚战重点任务有机融入生态文明示范建设
14	《湖南省生态文明建设示范市县管理规程》与《湖南省生态文明建设示范市县建设指标》	2020年	湖南省生态环境厅	进一步规范了湖南省生态文明建设示范区创建工作，制定了湖南省特色的创建指标
15	《湖南省省级环境保护与污染防治专项资金管理办法》	2020年	湖南省生态环境厅	进一步增加了对生态文明示范创建的奖励
16	《关于构建现代环境治理体系的实施意见》	2021年	湖南省委办公厅、省政府办公厅	省财政加大对生态环境保护投入，建立生态文明建设示范创建激励机制
17	《关于深入打好污染防治攻坚战的意见》	2021年	中共中央国务院	深入推动生态文明建设示范创建、"绿水青山就是金山银山"实践创新基地建设和美丽中国地方实践
18	《关于印发2021年真抓实干督查激励措施的通知》	2021年	湖南省人民政府办公厅	获得全国"绿水青山就是金山银山"实践创新基地和国家生态文明建设示范县，且示范引领作用明显的县、市、区，通过生态环境保护专项奖金予以奖励

5.1.2 工作成效与管理制度

生态文明建设示范区创建是国家生态文明建设总体部署的重要组成部分，为国家生态文明建设提供了丰富的管理经验和成果积累，已经成为地方可持续发展和生态文明建设的重要抓手。2017—2020 年期间，国家生态环境部分四批次命名了 262 个国家生态文明建设示范市县。这期间，湖南省已累计建成 11 个国家生态文明建设示范市县，26 个省级生态文明建设示范区，数量位居全国第六位，生态文明示范创建工作跻身全国第一方阵。湖南省 2017—2020 年生态文明示范创建成果如图 5.1 所示。

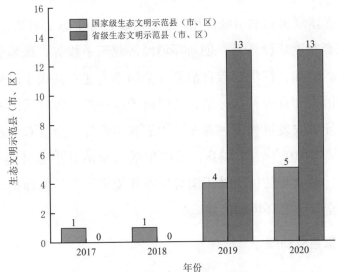

图 5.1　2017—2020 年湖南省生态文明示范创建成果（单位：个）

近年来，湖南省在大力推进生态文明示范创建工作的同时，不断完善管理制度。2018 年，原湖南省环境保护厅出台了《湖南省生态文明建设示范区创建管理规程（试行）》和《湖南省生态文明建设示范县、市指标（试行）》，为湖南省级生态文明示范区建设管理提供了遵循；2020 年，湖南省生态环境厅修订形成了《湖南省生态文明建设示范市县创建管理规程》和《湖南省生态文明建设示范市县指标》；永州、怀化、郴州等多个地级市制定并出台了地市级《生态文明建设示范村镇管理规程》与《生态文明建设示范村镇建设指标》，规范了乡镇创建工作。

5.2 湖南省生态文明示范创建典型模式

生态文明示范创建作为当前推进生态文明建设的一个重要载体和平台，在总结地方实践经验基础上，形成了多种可复制、可借鉴的生态文明建设成功实践典型模式。典型模式作为地方生态文明建设成功实践的共性做法，通过对湖南省 11 个国家级生态文明建设示范县市及两个"两山"实践创新基地的典型做法进行分析，总结湖南省生态文明示范创建的典型模式如表 5.2 所示。

5.2.1 制度引领型

注重发挥体制机制的引领作用，通过构建完善生态文明综合决策机制，建立健全配套制度建设体系，创新环境经济政策手段等，统筹引领推进生态文明建设。例如，江华瑶族自治县在全国率先建立县级生态公益林补偿机制，参照国家和省级补偿标准，县财政予以补偿。将林区的劳动力转为护林员，引导林农发展林下种养业、生态旅游业等，全县森林覆盖率稳定在 78% 以上。2019 年，江华县以《江华瑶族自治县生态环境保护条例》立法的形式，对全县的山水林田湖等生态环境实行严格的保护，用法律的红线来守住全县生态环境的底线。

5.2.2 绿色驱动型

重在构建以产业生态化和生态产业化为主体的生态经济体系，实现产业绿色、循环、低碳发展。例如，资兴市抓住国家长江经济带、湖南省"一带一部"和湘南承接产业转移示范区等发展战略带来的重大发展机遇，坚持环境综合治理和转型发展。用"冷水"做强大数据，用"优水"发展高端饮品，用"秀水"拓展全域旅游，用"净水"浇注生态农业，县域经济综合实力稳居全省第一方阵，跻身"全国小康城市 100 强"，塑造了生态文明建设"资兴样板"。

5.2.3 生态友好型

以改善生态环境质量为核心，重点打造以生态环境良性循环和环境风险有效防控为重点的生态安全体系。例如，张家界市武陵源区以生态自然为底色，把良好的生态作为全区旅游发展的第一名片，紧紧围绕"碧水守护、蓝天保卫、净土攻坚、大地增绿、城乡洁净"五大城市目标，倡导节能减排，促进绿色生产，探索了一条人与自然和谐发展的"武陵源道路"，连续多年在地表水省考断面环境质量排名全省第一，全省地级城市市辖区环境空气质量排名第一。

5.2.4 文化延伸型

重点植根于传统文化土壤，培育以生态价值观念为准则的生态文化体系，打造特色生态文化产业等。例如，通道侗族自治县立足"生态绿、民俗古、革命红"特色生态文化旅游产业，大打民族与生态"两张牌"，相继推出了"美丽万佛山·通道过大年"、坪坦"架水节"巡游、皇都侗文化村、独岩新春庙会、民俗游园、独坡"月地瓦"等民俗活动。2019年，全县接待游客470万人次，实现旅游收入28.2亿元，6个侗族村寨入列《中国世界文化遗产预备名单》，18个侗寨入选第5批中国传统村落。

表 5.2 湖南省生态文明示范创建的典型模式的主要特征

生态文明示范创建典型模式	主要特征	典型地区
制度引领型	注重发挥体制机制的引领作用，通过构建完善生态文明综合决策机制，建立健全配套制度建设体系，创新环境经济政策手段等，统筹引领推进生态文明建设	江华瑶族自治县、石门县
绿色驱动型	重在构建以产业生态化和生态产业化为主体的生态经济体系，实现产业绿色、循环、低碳发展	资兴市、长沙市望城区、湘阴县、宁乡市、永州市零陵区
生态友好型	以改善生态环境质量为核心，重点打造以生态环境良性循环和环境风险有效防控为重点的生态安全体系	张家界市武陵源区、张家界市永定区、新宁县、东安县、桃源县
文化延伸型	重点植根于传统文化土壤，培育以生态价值观念为准则的生态文化体系，打造特色生态文化产业	通道侗族自治县

5.3 结语

生态文明示范创建是一个持续改进、不断完善的过程，湖南省生态文明示范创建取得了一定成效，示范创建模式的探索刚刚开始，创建模式、指标体系、激励机制、考核方法等研究将是下一步研究与实践的重点。

将生态文明建设和深入打好污染防治攻坚战重点任务有机融入生态文明示范建设，是"十四五"时期湖南省深入推进生态文明示范建设的重点任务。在今后的研究中，有必要从破解湖南省当前生态文明建设遇到的问题出发，不断探索"生态强省"的建设模式与路径，深入总结创建经验与成效，使得生态文明示范创建工作能真正意义上持续推动生态文明建设。

第6章

湖南省生态文明建设示范市县建设指标分析与探讨

　　党的十八大以来，党中央、国务院高度重视生态文明建设，相继部署出台了一系列重大决策，推动生态文明建设取得了重大进展和积极成效。生态文明示范创建作为当前推进生态文明建设的一个重要载体和平台，许多地区正在着力推进生态文明建设示范区的创建工作。原湖南省环境保护厅于 2018 年颁布了《湖南省生态文明建设示范县、市指标（试行）》，湖南省生态环境厅于 2020 年更新了《湖南省生态文明建设示范市县建设指标》（以下简称《指标》），以此为要求，指导湖南省生态文明建设示范区创建工作，然而在开展生态文明示范创建核查过程中发现，《指标》中的部分指标存在不同程度的问题和偏差，给地方生态文明示范市县建设工作的开展带来了一定的困难。因此，本章重点对《指标》中部分指标的合理性进行探讨，对指标存在的问题进行分类研究，并结合实际情况对指标提出改进措施，使《指标》在湖南省生态文明示范创建工作中更好地发挥作用。

6.1　指标体系分析

　　生态文明建设指标体系构建作为生态文明建设的关键技术，目前评价指标体系和评估方法成为研究热点，一些学者从不同角度提出了相关建议。如刘衍君等提出了山东省的生态文明指标体系，从生态环境保护、经济发展、社会进步、生态环保意识 4 个方面选择了 23 项单项因子；黄娟等提出了江苏省生态文明建设指标体系，以生态意识、生态经济、生态环境、生态人居、生态行为和生态制度为 6 个一级指标，52 项二级指标。然而，这些研究提出的指标体系和方法缺少统一的标准，多数是研究人员根据研究区域的实际情况和专家咨询意见来确定规划方法和目标，缺乏客观性和区域之间的横向比较。

《指标》的颁布实施为湖南省的生态文明建设示范市县创建提供了重要的规划基础与参考依据。《指标》共 39 项建设指标，由生态制度、生态安全、生态空间、生态经济、生态生活、生态文化 6 大领域 39 项指标组成（图 6.1），其中包含两项湖南地方特色的指标。《指标》中详细说明了所有建设指标的指标解释、计算方法和数据来源，为各指标在实际工作中的开展和落实提供了依据。

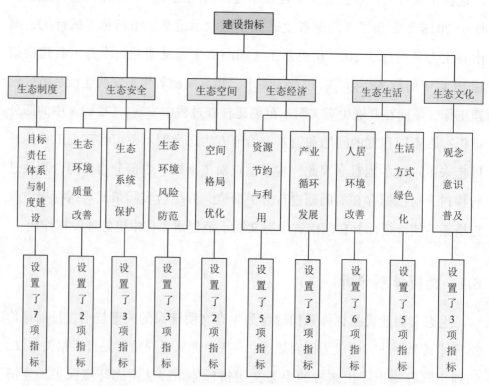

图 6.1 湖南省生态文明建设示范市县建设指标体系

根据各指标的特点，将湖南省生态文明建设示范市县建设指标归纳为制度建设类、调查测算类、任务考核类、统计监测类四大类别，其特点如表6.1所示。

表6.1 湖南省生态文明建设示范市县建设指标分类与特点

指标类别	指标名称	领域	指标特点
制度建设类	生态文明建设规划	生态制度	制度政策建设与任务落实
	党委政府对生态文明建设重大目标任务部署情况	生态制度	
	河长制	生态制度	
	生态文明建设示范镇村创建	生态制度	
	自然生态空间（生态保护红线、自然保护地）	生态空间	
	建设用地土壤污染风险管控和修复名录制度	生态安全	
	突发生态环境事件应急管理机制	生态安全	
	生活废弃物综合利用（城镇、农村生活垃圾）	生态生活	
调查测算类	生态文明建设工作占党政实绩考核的比例	生态制度	需要开展调查与测算
	生态环境信息公开率	生态制度	
	依法开展规划环境影响评价	生态制度	
	生物多样性保护	生态安全	
	农业废弃物综合利用率（秸秆、畜禽、农膜）	生态经济	
	政府绿色采购比例	生态生活	
	绿色产品市场占有率	生态生活	
	党政领导干部参加生态文明培训的人数比例	生态文化	
	公众对生态文明建设的满意度	生态文化	
	公众对生态文明建设的参与度	生态文化	

指标类别	指标名称	领域	指标特点
任务考核类	环境空气质量	生态安全	完成上级考核任务与管控目标
	水环境质量	生态安全	
	河湖岸线保护率	生态空间	
	单位地区生产总值能耗	生态经济	
	单位地区生产总值用水量	生态经济	
	碳排放强度	生态经济	
	应当实施强制性清洁生产企业通过审核的比例	生态经济	
	农村无害化卫生厕所普及率	生态生活	
统计监测类	生态环境状况指数	生态安全	已有统计渠道或测算
	林草覆盖率	生态安全	
	危险废物利用处置率	生态安全	
	单位国内生产总值建设用地使用面积下降率	生态经济	
	一般工业固体废物综合利用率	生态经济	
	农药化肥施用强度	生态经济	
	集中式饮用水水源地水质优良比例	生态生活	
	城镇新建绿色建筑比例	生态生活	
	村镇饮用水卫生合格率	生态生活	
	城镇污水处理率	生态生活	
	城镇生活垃圾无害化处理率	生态生活	
	城镇人均公园绿地面积	生态生活	
	公共交通出行分担率	生态生活	

6.2 建设指标合理性探究

本章重点探讨《指标》中的参考性指标，依据国家与湖南省最新的政策文件要求，对指标的合理性和时效性进行分析，针对部分指标存在的问题提出完善建议。

6.2.1 部分指标解释有待完善

指标解释是生态文明建设示范市县建设指标体系的基础，直接决定了指标的测算方法和测算结果。因此，对指标的解释应充分参考现有政策文件，并结合实际情况对指标解释进行纠正和完善，使建设指标能够更准确地反映湖南省生态文明建设情况。例如，《指标》对集中式饮用水水源地水质优良比例建设指标的解释：指行政区域内集中式饮用水水源地，其地表水水质达到或优于《地表水环境质量标准》（GB 3838-2002）Ⅲ类标准、地下水水质达到或优于《地下水质量标准》（GB/T 14848-2017）Ⅲ类标准的水源地个数占水源地总个数的百分比。该指标解释存在对集中式饮用水水源地解释不明确的问题，在湖南省创建核查过程中，仅针对行政区域内县级及以上的集中式饮用水水源地进行考核，存在对现有政策文件执行有偏差的情况。

依据《集中式饮用水水源地环境保护状况评估技术规范》（HJ774-2015）与《饮用水水源保护区划分技术规范》（HJ338—2018）对集中式饮用水水源地的定义：进入输水管网送到用户和具有一定取水规模（供水人口一般大于1 000人）的在用、备用和规划水源地。且湖南省在《关于进一步加强集中式饮用水水源保护和供水安全保障工作的通知》（湘政办发〔2019〕70号）中要求，2020年年底前，基本完成农村千人以上集中式饮用水水源保护区划定，2021年年底前，基本完成农村日供水人口1 000-10 000人集中式饮用水水源地核准与名录公布。因此，从全面加强集中式饮用水水源保护的角度出发，建议《指标》对该建设指标解释进行补充完善，明确集中式饮用水水源地指行政区域内供水人口大于1 000人且取得行政主管部门批复的在用水源地。

6.2.2 部分指标标准设置偏低

建设指标作为生态文明建设示范市县的衡量标准，其标准高低会对生态文明建设工作的开展带来较大影响。因此，指标标准的设定应紧密结合现有政策文件，坚持"高标准、严要求"，发挥生态文明建设示范市县的示范带头作用，为区域生态文明建设提供样板。例如，《指标》对城镇新建绿色建筑比例的解释：指城镇建成区内达到《绿色建筑评价标准》（GB/T 50378-2019）的新建绿色建筑面积占新建建筑总面积的比例，是反映生态生活领域中生活方式绿色化任务的参考性指标。该指标在国家及湖南省创建核查过程中要求分别为 ≥ 50% 与 ≥ 40%，存在明显的与国家及湖南省现有工作目标有出入的情况。

《住房和城乡建设部、国家发展改革委、教育部、工业和信息化部、人民银行、国管局、银保监会关于印发绿色建筑创建行动方案的通知》（建标〔2020〕65 号）与《湖南省住房和城乡建设厅等 12 部门关于印发湖南省绿色建筑创建行动实施方案的通知》（湘建科〔2021〕22 号）创建目标明确到 2022 年，当年城镇新建建筑中绿色建筑面积占比达到 70%，因此，从增强该指标与现有政策的相符性的角度出发，建议《指标》将城镇新建绿色建筑比例指标考核标准调整为 70%。

6.2.3 部分领域指标设置偏少

生态文化建设在生态文明建设中占据着十分特殊而又重要的位置，是一项长远的基础性工作，同时生态文化是生态文明体系的内核，是生态文明建设的灵魂。《指标》中生态文化领域仅设置了三项参考性建设指标，比例较其他领域明显偏低。

《关于构建现代环境治理体系的指导意见》（中办发〔2020〕6 号）与《关于构建现代环境治理体系的实施意见》（湘办发〔2021〕2 号）中要求

完善生态文明建设目标评价考核内容，排污企业可以通过设立企业开放日、建设教育体验场所等形式，向社会公众开放。截至目前，在全国公布的共四批次环保设施向公众开放单位名单中，湖南省共有51家环保设施向公众开放的单位，现已覆盖全部市州。因此，从构建湖南省现代环境治理体系，健全环境治理全民行动体系，全力保障公众知情权、参与权、监督权，提升生态环境公众满意度、获得感出发，建议《指标》将环保设施向公众开放工作纳入生态文化领域建设指标，作为湖南省创建工作的特色指标进行考核，指标名称为环保设施向公众开放工作，指标值为开展，指标属性为约束性，适用范围为市县。

6.2.4　部分指标考核要求有待完善

指标的考核要求是生态文明建设示范市县建设指标执行的关键因素，《指标》由约束性指标和参考性指标组成，《湖南省生态文明建设示范市县管理规程》对约束性指标和参考性指标未给出具体考核要求，在湖南省生态文明示范县创建核查过程中，要求约束性指标和参考性指标必须全部达标。例如，《指标》将林草覆盖率、农业废弃物综合利用率、城镇新建绿色建筑比例等确定为参考性指标，这类参考性指标均设有具体可量化的指标值，在湖南省开展创建核查过程中，存在因该类指标的指标值未达标而导致创建地区与核查组对该地区的核查结果存在争议的现象。因此，从加强全省生态文明建设示范市县建设指标体系的可操作性角度出发，建议《指标》补充说明参考性建设指标的考核要求，增强参考性建设指标在湖南省生态文明创建核查过程中可操作性。

6.3　结语

生态文明示范创建是一个持续改进、不断完善的过程，湖南省生态文明建设示范市县创建工作虽取得了一定成效，但实践过程中发现部分建设指标存在指标解释不完善、指标值设置不合理等问题，给湖南省生态文明示范市县创建工作的开展带来了一定的困难。在今后的研究中，有必要探索将乡村振兴和碳达峰、碳中和提出的各项具体任务有机融入生态文明建设示范市县创建指标体系中，保证相关指标体系的时代性、科学性和可操作性，使得湖南省生态文明示范创建工作能在真正意义上持续推动生态文明建设。

第二部分 / 案例报告

案例报告一
江华瑶族自治县生态文明示范创建探索实践

江华瑶族自治县地处湖南最南端,南岭山区,湘、粤、桂三省(区)结合部。全县总面积 3 248 km²,总人口 53.78 万人,其中瑶族人口 34 万人,被誉为"神州瑶都";县域内生态资源丰富,森林覆盖率达 78.78%,活立木蓄积量 1 600 多万 m³,原始森林和原始次生林 50 余万亩,空气中负氧离子含量最多处每立方厘米达 10 万个,被称为"华南之肺""天然氧吧"。

近年来,江华县委、县政府始终将良好的生态环境作为江华经济社会发展的基础和优势,深入贯彻实施"生态立县"战略,持之以恒推进生态文明建设,把保护湘江东源作为义不容辞的神圣职责,一以贯之地坚持走绿色发展之路。先后成功创建了全国文明县城、国家园林县城、全国绿化模范县、国家重点生态功能区、国家主体功能区建设试点示范县、国家生态文明先行示范区、中国天然氧吧县、涔天河国家湿地公园、潇湘源国家级水利风景区等国家级生态品牌。2017 年 9 月,江华瑶族自治县被命名为国家生态文明建设示范县,是全国首批、湖南省首个获得命名的县级城市。

一、江华瑶族自治县生态文明建设的主要做法

(1)着力形成"四个推进"体系,全面推动生态文明建设示范县创建

一是强化领导，强力推进。在省、市环保部门的关心支持下，2011年，组织召开了高规格的生态县创建动员会，全面部署创建工作。成立了由县委书记担任顾问，县长担任组长，四套班子分管领导为副组长，共计37个职能部门（单位）主要领导为成员的省级生态县创建工作领导小组，并下设四个创建工作专项组，由县委副书记任主任的县生态创建办公室，负责创建工作组织协调和日常工作。调配11名专职人员充实到创建办开展创建工作的督查、指导等工作，全面分解落实生态县建设目标任务，并将生态创建纳入政府绩效考核，纳入责任单位的年度目标责任制考核，形成了"党委领导、政府负责、人大和政协监督、乡镇部门协作、全县人民参与"的工作推进机制。

二是科学规划，统筹推进。2011年，县委、县政府提出了5年内创建"国家级生态县"的战略目标。根据这一目标，聘请湖南农业大学编制了《江华瑶族自治县国家级生态县建设规划》，并在县十五届人大常委会第三十次会议上审议通过实施。在规划的指导下，制定了《江华瑶族自治县创建省级生态县实施方案》，提出了"2013年建成省级生态县、2015年建成国家级生态县"的奋斗目标，明确了生态县建设指导思想、奋斗目标、基本原则和推进措施，从城乡布局、产业发展、总体风格、建设形态、自然景观、历史文化等方面对生态县创建工作进行了安排部署。由于国家顶层设计政策的调整，从2015年开始改为创建生态文明建设示范区，江华县根据原环保部的政策调整，及时进行了调整和部署。2016年，制定了新的创建工作方案。印发了《江华瑶族自治县创建国家生态文明建设示范县实施方案》（江办发〔2016〕33号）。编制并实施了《湖南省江华瑶族自治县国家生态文明建设示范县规划（2011—2020年）》（2016年修编）（以下简称《规划》）。《规划》经2016年11月召开的县第十六届人大常委会第三十四次会议讨论通过，已在全县实施。

三是部门联动，协作推进。按照国家生态文明建设示范县创建工作的总体要求和职责分工,建立健全了资源共享、信息互补、通力合作、协调推进的工作机制,把目标任务分解到37个责任单位和11个协助单位,形成了联动效应。一是明确和分解创建责任,层层签订责任状,切实做到"认识上提升层次,责任上提升境界,工作上提升水平,推进上提升质量";二是执行和强化工作调度制度,严格做到调度细,安排实,推动快,效果好;三是坚持把生态文明建设作为部门创先争优的重要内容,作为部门领导的考核指标,坚持以良好的政治生态推动生态创建。

四是铁腕整治,优化推进。在创建工作中,县委、县政府以铁的决心、铁的手腕、铁的纪律推进生态县环境整治。一是以严格把关为己任,严格落实国家产业政策,从源头上控制新污染源产生。二是以严格执法为手段,认真开展环保专项行动和"绿剑"行动,对违法排污、群众反映强烈的企业实行严厉处罚。三是以有效监管为目标,对入园企业严格执行"环评"和"三同时"制度。同时建立环保巡查制度,保持环境安全高压态势。四是以优质服务为宗旨,对符合准入条件的项目实行"零关系办事、零距离办公、零利益服务",同时加强对企业的环保技术指导。

（2）全力打造五大生态工程,全面实施生态文明建设示范县创建

一是全力打造神州瑶都,着力构建生态家园。不断加大城建投入,近五年共计投入20多亿元,完善城市路网和市政配套设施建设。建成了一批以瑶族图腾园、火车站广场、瑶都大道、城北大道、江华大道、滨江大道为骨架的城市标志性工程,对城市主干道实施了"白改黑"工程,对城市次干道和背街小巷进行了改造,建成了县城污水处理厂、垃圾无害化填埋场和空气自动监测站,启动了城市管道燃气和城区供水管网改造等工程建设项目。全力创建国家园林县城,县委、县政府两个机关大院带头拆墙植绿、拆墙透绿,带领121个单位实施了机关院落花园化建设,各单位已投入园林式单位建设资金5 700万元,拆除围墙1 050 m,拆除临街门面

127 间。全县 60 个单位被评为"市级园林式单位",16 个单位被评为"省级园林式单位",成功创建了"省园林县城"。县城内 13 个森林公园、7 个水上公园、5 大水系建设全面推进。按照生态宜居的目标,全力推进美丽乡村建设。县财政每年投入 500 余万元,实施村庄生态建设和农村环境卫生整治;投入 2 400 万元,实施农村环境综合整治。做到了每家每户都有垃圾桶,每个村都有垃圾池,每个乡镇都有垃圾中转站。经过几年的实践探索,形成了"户收集、村分类、乡运转、县处置"的垃圾处理模式。专门成立了城乡环境治理班子,抽调专门力量,下拨专项资金,确定专人专抓,每月评比公布"三佳单位和三差单位、三佳乡镇和三差乡镇"。通过改水、改厕、改灶、改猪圈,全力促进城乡居民生产生活方式变革,解决农村环境"脏、乱、差"问题,实现城乡环境优美、庭院美化、村容整洁、乡风文明的新气象。

二是全力打造生态山水名县,不断加强生态文化建设。积极创建国家生态文明建设示范县、国家园林县城、国家自然保护区、国家湿地公园、国家森林公园,把江华建成一块不受污染的净土,全面提升生态文明水平。一方面加强生态保护和建设。坚持保护与建设并举,加强对生态公益林、重点景区生态林的管理和保护。坚持限额采伐制度,对具有重要生态功能的林区,划定禁垦区、禁伐区,严格保护。将涔天河流域约 2 200 km^2 确定为生态功能保护区,全面实施封山育林、植树造林,保护好潇湘源头的森林植被。对这个区域的广大林农,通过多种方式保障基本生活,并不断增加林农收入。按照县城园林化、院落花园化、山区森林化、道路林荫化、河岸景观化的要求,以荒山、荒坡、荒地、荒滩"四荒"和村边、田边、路边、河边"四边"绿化为重点,实施了林业"二次创业",突出抓好集镇、庭院绿化和村庄绿化,城乡结合部荒山、荒坡美化建设。目前,江华县森林覆盖率已达 78.80%。另一方面实施环境综合治理。严格执行环境影响评价制度,严把项目建设环保准入关,充分运用环保准入"调节器",

将环境保护从"末端治理"变为"源头控制"。落实国家环保政策，凡是不符合国家产业政策的项目一个不上，凡是"三高"企业一个不引。近年来，共否决、劝退或建议重新选址项目 73 个，停产整治企业 72 家，关闭"五小"企业 22 家，立案查处环境违法行为 24 起。全面开展河道综合治理，按照"水清、流畅、岸绿、景美"的标准，通过政府牵头、部门协作、全社会参与的方式，共投入资金 1.3 亿元，整治河道 830 km。通过努力改善空气质量和水环境质量，确保了全县空气质量优良率保持在 95% 以上，饮用水源地和水环境功能区水质达标率保持在 100%。

三是全力打造瑶族生态旅游胜地，大力发展生态旅游产业。我们立足实际，充分调研、多方论证，不断形成共识，强化共识：坚持转型发展，不砍树，只种树，保护生态，发展旅游，走一条新型发展之路。通过积极"走出去、请进来"，不断解放思想，统一认识，坚定了全县上下大干快上发展生态旅游产业的信心。

为保护好生态旅游资源，将全县划分为"生态文化旅游发展区、绿色农业发展区、城镇工贸发展区"三大功能区。县财政专门拿出 208 万元，聘请国家甲级规划单位，编制了《全县旅游发展总体规划（修编）》《涔天河旅游度假区总体规划》和《江华旅游重点景区控制性详细规划》等。积极争取列入了"大湘西生态文化旅游圈"，其中涔天河旅游度假区项目被纳入"大湘西生态文化旅游圈"支撑类项目；"魅力瑶都"自驾游基地、瑶族古城沱江、大龙山森林旅游度假区、姑婆山民俗生态旅游度假区被列为基础类项目。每年通过举办"瑶族盘王节""民族民间文化旅游节""火烧龙狮闹元宵""瑶族茶文化节"等节庆活动来宣传推介江华特色旅游。积极支持乡镇村开展民俗节庆活动，积极鼓励全县瑶胞穿瑶服、说瑶话、唱瑶歌、跳瑶舞、举办瑶族特色婚礼，营造浓厚的民族文化氛围。

为大力发展以山水森林资源为依托的乡村游、森林游、养生游等新业态，县委、县政府连续出台了加快旅游产业发展的 3 个文件，县财政每年拨付 600 万元旅游引导资金，从政策和资金上保障旅游基础工作的顺利推进。近年来，共投入 5 亿元，修建旅游公路，逐步完善景区基础设施。充分利用县内特色旅游资源，大力发展观光型、文化型、生态型、体验型、学习型的乡村旅游产品，在全县建设了一批主题鲜明、特色明显、环境优美、文化内涵丰富、旅游服务设施相对完善的旅游特色村。未来几年，江华将依托良好的生态山水资源和浓郁的瑶族文化资源，抢抓大湘西生态文化旅游圈建设和涔天河水库扩建机遇，按照"神州瑶都、生态江华"的目标定位，以打造涔天河旅游度假带为龙头，把江华建设成为国家级旅游强县。

四是全力打造新兴工业县，做大做强生态工业。县委、县政府注重经济结构调整，出台了一系列相关政策，全面促进经济发展方式的转变，力争使全县经济在高速运行中实现低消耗、低污染、高增长。一方面按照"生态型、规范化、花园式"要求，大气魄、大手笔推进工业园区建设，打造现代化的山水园林生态工业新城。为确保生态园区建设规划得到更好落实，我们创新征地模式，一年时间一次性依法征收土地 10 000 余亩，全力打造生态工业新城。目前，全县工业园区"一区三园"规划面积 53 km^2，建成面积 20 km^2，去年成功创建为"百亿园区"。我们在全市率先设立了园林局，主要负责园区和城区的绿化美化工作。园林局对各园区绿化现状进行勘查，并做出专项规划和实施。目前，全县各工业园区共投入造林绿化资金 1.5 亿元，完成园区造林总面积 5 000 亩，种植各类乔、灌木 110 万株，其中江华经济开发区投入了近 1 亿元，绿化覆盖率已达 45% 以上。另一方面，依托自身生态资源优势，成功实现了产业的转型升级。一批大项目、好项目、绿色项目、循环项目的竣工投产，极大地利用了资源、降低了能耗、保护了环境，收获了绿色 GDP。目前，园区共引进工业项目 188 个，入驻规模工业企业 66 家，省级以上高新技术企业 10 家，重点培育了以九恒集团、华讯科技、晟瑞电子为龙头的电子信息产业，以中国风电、九恒新能源为龙头的新型能源产业，以五矿稀土、正海磁材为龙头的稀土新材料产业，以海螺水泥、海螺塑编、宏天建材为龙头的新型建材产业，以坤浩实业、锦艺矿业、金宏光科技为龙头的矿冶循环产业，以栋梁木业、温氏饲料、同丰米业为龙头的农产品加工产业，以五月天服饰、湘粤服饰、裕林鞋业、兴丰鞋业为代表的服装制鞋产业，七大产业新增工业产能 100 亿元以上，新增就业岗位 1 万个以上，实现了传统工业向生态型新兴工业的美丽蝶变。

五是全力打造绿色农业基地，积极发展生态高效农业。县委、县政府按照"生态、高效、优质、安全"的要求，以发展有机、绿色、无公害农产品作为生态农业的重点，以农业龙头企业建设为抓手，大力发展现代农业。积极倡导不使用化肥、不使用农药、不使用饲料添加剂，着力生产绿色安全、附加值高的有机农产品。通过加快土地有序流转，吸引国内外龙头企业来江华办基地、搞加工，推进农业产业规模化，促使传统农业向现代农业转变，带领群众脱贫致富奔小康。引进培育了温氏养殖、杨氏果业、六月香果业、同丰粮油等一批农业产业化龙头企业，规划建设了牛牯岭、河路口、大路铺、桥市、界牌等现代农业产业园，形成了"猪沼菜""猪沼果""猪沼茶"的生态农业模式。

二、江华瑶族自治县生态文明建设的主要启示

（1）咬定青山不放松，一张蓝图干到底

江华县委、县政府牢固树立起"生态是资源，生态是生产力""保护环境就是保护生产力，改善环境就是发展生产力""绿水青山就是金山银山"的理念。全县上下凝聚共识，坚持生态文明建设一张蓝图干到底，把绿色生态作为核心竞争力来打造，编制《江华瑶族自治县国家生态文明建设示范县规划（2011—2020 年）》，并经县人大批准实施。江华在全国率先建立县级生态公益林补偿机制，参照国家和省级补偿标准，县财政予以补偿；

将林区的劳动力转为护林员，引导林农发展林下种养业、生态旅游业等，全县森林覆盖率稳定在 78.78%。2019 年，历时 4 年、8 次征求意见的《江华瑶族自治县生态环境保护条例》正式颁布实施，江华以立法的形式，对全县的山水林田湖等生态环境实行严格的保护，用法律的红线来守住全县生态环境的底线。

（2）宝剑锋从磨砺出，梅花香自苦寒来

江华始终坚持不以 GDP 论英雄，不以牺牲环境为代价求发展，积极探索"规模工业进园区、农业产业建基地、旅游产业谋全域"的产业发展模式，着力构建生态产业体系。生态工业方面，江华高新区形成了电子信息、电机制造、印刷传媒、农副产品加工、有色金属冶炼、新能源"六大产业"，提供就业岗位万余个，实现了传统工业向生态型新兴工业的美丽蝶变，先后被评为全省真抓实干成效明显园区、全省发展开放型经济优秀园区、全省平安园区、全省外贸十强园区。生态农业方面，按照"生态、高效、优质、安全"的要求，全力推进绿色农业基地和现代农业产园区建设，着力发展绿色安全、附加值高的有机、绿色、无公害农产品。全县已建成 43 万亩水稻、20 万亩玉米、18 万亩蔬菜、10 万亩水果、5 万亩烤烟、5 万亩茶叶、8 000 万袋食用菌等主导产业基地，柑橘、菊芋、猕猴桃、百香果等百亩以上基地 378 个。"三品一标"产品认证总数达 112 个，注册商标 188 个。先后被评为国家出口食品农产品质量安全示范区、国家生态原产地产品保护示范区、全国电子商务进农村示范县、全国高端卷烟原料定制化生产基地、全国生猪调出大县、全国农村一、二、三产业融合发展推进示范县。生态旅游方面，充分发掘瑶族文化和生态旅游资源优势，打造全域旅游县。已建有"瑶族第一殿"盘王殿、世界最大的瑶族图腾坊、世界最大的瑶族铜铸长鼓，拥有全省唯一的县级民族歌舞团和县级民族艺术学校。

案例报告二
武陵源区生态文明示范创建探索实践

张家界市武陵源区位于湖南省西北部，以武陵源风景区闻名于世，是张家界的核心景区，由张家界国家森林公园、天子山自然保护区、索溪峪自然保护区、杨家界自然保护区组成，景区以世界罕见石英砂岩峰林为主的张家界地貌闻名遐迩，以"山峻、峰奇、水秀、峡幽、洞美"著称于世，被誉为"扩大的盆景、缩小的仙境"。全区总面积 397.58 km²，总人口 6.25 万人。拥有中国第一个国家森林公园、中国第一批世界自然遗产、中国第一批世界地质公园、国家首批 5A 级旅游景区、全国文明风景旅游区等五块金字招牌。

2012 年，武陵源提出了建设"四个武陵源"的战略目标，将建设"生态武陵源"作为首要任务，启动生态文明创建，先后创建国家级生态乡（街道）2 个、生态村 1 个，省级生态乡（街道）4 个、生态村 36 个，2011 年，荣获"国家级生态示范区"称号，2014 年，创建为省级生态示范区。2018 年 12 月，张家界市武陵源区被生态环境部命名为第二批国家生态文明建设示范区，成为我省第二个获此殊荣的市县。

一、武陵源区生态文明建设的主要做法

（1）从制度和机制层面强化顶层设计

为推进生态武陵源建设，武陵源制定出台了《武陵源世界自然遗产保

护规划》《武陵源区创建国家生态文明建设示范区规划》《武陵源区污染防治攻坚战三年行动计划（2018—2020年）》，全面划定"三线一单"，明确生态区发展战略和规划目标及污染防治攻坚战任务目标。推动生态环境保护责任的落实，建立区、乡、村三级环境监管网格和环境保护联席会议制度，推进落实"党政同责，一岗双责"制度和"管生产管生态环保、管发展管生态环保、管行业管生态环保"工作要求，初步建立生态环境保护共抓共管的大生态环境保护工作格局。

（2）坚决打好生态环境保护攻坚战

抓大气污染防治，环境空气质量率先实现达标。一是开展餐饮油烟治理，油烟净化设施安装实现城区全覆盖。二是加大对"禁煤""禁放""禁烧"管控力度，燃煤锅炉取缔成果持续巩固，露天焚烧垃圾和燃放烟花爆竹的行为全面得到遏制。三是积极开展扬尘污染防治，建设施工扬尘污染防治6个100%得到较好落实，渣土运输基本实现全封闭。近三年武陵源城区环境空气质量消除了中度及以上污染天气；景区环境空气优良并实现实时监测与发布，良好的环境空气质量已成为武陵源区的又一品牌。

抓水污染治理，水环境质量总体保持稳定向好。一是不断完善城镇污水处理设施建设，城镇污水日处理能力达到2.5万吨，处理率达到95%以上；天子山街道、中湖乡、协合乡集镇污水处理厂已于2019年11月建成并投入使用，污水集中处理设施实现了城区、乡镇全覆盖。二是认真落实景区排污企业污染治理主体责任，天子山索道、百龙天梯、景区快餐厅等企业均安装了污水处理动力设施，并实现达标"零排放"。三是积极开展农村水污染防治，通过农村环境综合整治，全区农村共建设污水处理设施2 025套；实施畜禽养殖污染治理，实现禁养区全取缔，适养区全规范；同时，全面开展饮用水水源保护地规范化建设，确保了全区饮水安全。近年来，索溪河流域四个断面水质稳定达到国家Ⅲ类以上水质标准，出境断面水质稳定达标，饮用水源水质达标率为100%。

抓农村环境整治，农村环境保护领跑全市。实施农村垃圾治理三年行动计划，建立了符合武陵源区实际的农村垃圾治理模式，垃圾治理面达96%。从 2018 年开始，在全区农村启动了垃圾分类减量工作，2019 年，完成了中湖乡石家峪等 8 个村居的试点工作，2020 年，在全区城市农村全面铺开。2020 年 2 月，武陵源区被授予省"2019 年度农村人居环境整治先进县（市区）"称号。

（3）大力推进景区移民搬迁与违章建筑整治

从 2015 年起，全面启动景区生态移民搬迁。按照"搬得出、稳得住、能致富"原则，先后投入资金 13 亿元，先期对天子山居委会、袁家界居委会 600 户 1 460 人进行移民搬迁，目前已经签订协议 576 户，完成96%，拆除房屋 465 户 9.05 万 m^2，腾房让地超 77%。截至 2020 年底，共搬迁景区居民 571 户，拆除房屋 11.1 万 m^2。核心景区移民搬迁取得决定性胜利，办成了历届区委政府想干却一直没有干成的大事，得到省委、省政府高度肯定。

在违建别墅清查整治方面，严格按照中央、省、市有关决策部署，实行区级领导包片，层层压实责任，坚持问题导向，全面摸底排查，精准把握政策，严格对标对表，制定整治方案，按照任务目标和时间节点要求，较真碰硬克难关。共拆除房屋 47 栋，拆除违法占地面积 7 071.79 m^2，建筑面积 11 327.31 m^2，并进行了生态复绿；拆除构筑物等相关设施 6 处；没收违建房屋 4 栋，没收房屋占地面积 3 269.82 m^2、建筑面积 3 437.08 m^2。

二、武陵源区生态文明建设的主要启示

（1）思想认识先行，坚持规划引领

武陵源区牢固"绿水青山就是金山银山"理念，始终把保护世界自然遗产、保护生态环境作为工作的重中之重，把生态文明建设作为更长远、

更持续、更高质量发展的重要抓手。2013 年，出台《关于提质武陵源再创新辉煌的决定》，提出了加快建设"生态武陵源"的发展思路，明确将提质升级作为发展主题和根本途径，开辟了一条人与自然和谐发展的"武陵源道路"；2013 年，武陵源区启动实施六城同创，把创建国家生态文明建设示范区与创建国家卫生城市、国家森林城市、省级文明城市、国家空气质量达标城市、国家交通管理模范城市结合起来，相互策应、相互促进；同时坚持综合治理，增强可持续发展能力，统筹考虑、综合治理，着力实施水体、大气、废弃物等重点污染防治，坚决打好污染防治攻坚战，擦亮山水品牌。

（2）依托"三线一单"技术平台，开展生态文明建设

武陵源区生态文明建设依托张家界市三线一单技术平台，与张家界市三线一单划定理念一致，建设过程始终坚持把绿色发展与武陵源实际相结合、始终坚持把绿色发展与旅游发展相结合、始终坚持把绿色发展与以人民为中心相结合。

武陵源区按照张家界市"三线一单"中生态环境准入清单要求，结合《湖南省武陵源世界自然遗产保护条例》，对景区突出环境问题进行了集中治理，全面开展景区游客中心、旅游厕所污水处理设施，全面查处取缔核心景区非法经营、非法建设行为。特别是 2017 年中央环保督察中，关停取缔非法经营场所 199 家，拆除违法建设 1.1 万 m^2，恢复生态植被 1.2 万 m^2，有力维护了核心景区生态环境。同时对精品景区不断提质，将武陵源区规划的以"旅游 +""+ 旅游"为主线，积极推进"旅游 + 文化、旅游 + 农业、旅游 + 科技、旅游 + 互联网"。民俗大戏"魅力湘西"走进了央视春晚，宋城演艺投资亿元打造"张家界千古情"；湘阿妹菜葛、鱼泉贡米、土家织锦等特色农业旅游商品；新建的张家界地质博物馆、大鲵科技馆等作为重点发展项目纳入张家界市生态环境准入清单中的产业发展布局方案清单。

案例报告三
望城区生态文明示范创建探索实践

长沙市望城区地处湘江下游、洞庭湖尾间，是长江经济带的重要节点、洞庭湖生态经济区的重要组成部分。全区总面积 969 km²，辖 16 个乡镇、街道，142 个村、社区，总人口 87.5 万人。拥有长沙城区最长的湘江岸线（35 km）、最大的湖泊团头湖、最高的山峰黑麋峰、最大的洲岛月亮岛，全区森林覆盖率 34.21%，建成区绿化覆盖率 40.7%。同时，望城区是典型的"水窝子"，拥有一线堤防 164.3 km，万亩以上堤垸 8 个。

近年来，望城区以习近平生态文明思想为引领，秉承生态优先、绿色发展理念，以实施生态保护和综合治理为抓手，争创国家生态文明建设示范区，争当洞庭湖生态环境治理排头兵，不断完善污染治理体系，推进全域资源保护、污染防治、环境改善、生态修复，区域品位和影响力不断提升。先后获评国家可持续发展实验区、全国首批农村垃圾分类减量和资源化利用示范区、全国市县（乡镇）农村环保干部培训班指定教学点、全国休闲农业与乡村旅游示范县（区）、湖南省旅游产业发展十佳县（区）和湖南首批全域旅游示范区。2019 年 11 月，望城区被生态环境部授予第三批"国家生态文明建设示范区"称号。

一、望城区生态文明建设的主要做法

（1）树牢生态理念，明确协调发展目标

区委、区政府始终坚守"绿水青山就是金山银山"理念，做到生态文明建设与经济社会发展同步谋划、同步推进、同步落实。一是高起点谋划。率先制定全区自然生态规划，划定生态红线，实施严格的管控边界，全力保障区域生态安全。二是严要求实施。在推进城乡一体化建设中，充分考虑各区域的自然生态环境特色，严格按照生态文明建设要求实施，促进人与自然协调发展。

（2）加强组织领导，建立健全工作机制

区委、区政府主要领导靠前指挥、一线调度，成立高规格的区生态环境保护委员会、区蓝天办。一是健全目标责任制。将生态保护纳入离任审计，生态文明年度考核结果直接影响领导班子的考核评比，与领导干部的提拔任用紧密挂钩。二是强化监督管理机制。建立调度、督查、通报、问责机制，区级领导联点推进、带队督查，定期召开蓝天保卫战讲评会、污染防治攻坚战现场推进会，实行负面清单和责任追究制。

（3）狠抓基础建设，提升环境支撑能力

一是狠抓水环境治理设施建设。加快实施截污治污和老城区雨污分流改造，污水处理厂扩容提标工程全面建成通水。构建立体式农村生活污水处理模式，以散户生活污水处理设施改造为切入点，大力推广"三池一地"生活污水处理模式，新建农村散户污水处理设施8万余座、人工湿地66个，加强小微水体连通管护，重点片区环境综合整治，大力改善区域水环境质量。二是狠抓垃圾治理设施建设。完善生活垃圾处置系统，生活垃圾无害化处理率达100%，垃圾分类减量实现全覆盖。有力规避"邻避效应"，长沙市城市固体废弃物处理场的一期、二期垃圾焚烧发电项目投入使用后将

实现生活垃圾全部焚烧处置。三是狠抓监测预警设施建设。全区共布设县级以上水质监测点位6个，县级以上环境空气质量监测点位21个，打造望城经开区智慧园区平台，涉挥发性有机物重点企业智能电表监控系统全覆盖，全区环境监测预警能力不断提高。

（4）整治重点污染，全力改善生态环境

一是坚决打赢蓝天保卫战。聚焦"六控十严禁"要求，坚持铁腕治霾、科技治霾，建成城管机器人、智慧渣土和全省首个秸秆禁烧视频监控系统，以攻城拔寨的力度坚决打赢蓝天保卫战。二是系统推进流域治理。稳步推进洞庭湖生态环境专项整治，开展"洞庭清波"行动，全面落实"河长制""湖长制""美丽河流"创建等系列工作，推动湘江流域综合环境治理工程实施。三是推进农村环境综合整治。全区134个村农村环境综合整治整区推进顺利完成省级验收，集中连片建设美丽屋场，成功打造了湘江村、光明村等一批农村环境整治示范片区，打造省市级美丽乡村60个，被省委农村工作领导小组授予2019年度"农村人居环境整治先进区县市"。

（5）优化产业结构，加快经济发展转型。

将优化产业结构、促进产业转型升级作为根治污染的治本之策，使经济和生态协调发展。一是发展新型工业。着力推进生态工业经济，重点引进优强新型工业项目，鼓励和引导企业加大技术改造力度，望城经开区入选国家级绿色园区。二是发展现代农业旅游业。推进全区农业集约化、产业化发展，加快生态农产品的种养殖基地建设，望城国家农科园获评2019年国家优秀园区。成功打造"一江两岸、四镇四岛五景"，创建首批省级全域旅游示范区。

二、望城区生态文明建设的主要启示

（1）科学施策，划分主体功能区

望城区积极探索高质量发展新路子，构建多元投入机制，近三年，区财政预算节能环保专项支出年均增长 40% 以上。划生态红线、立环保规矩，实施主体功能区发展规划，划定了四大主体功能区：在滨水城市核心区大力发展现代服务业；在城市功能拓展区大力发展先进制造、电商物流业；在文化旅游发展区大力发展休闲度假、文化旅游业；在生态涵养保护区大力发展绿色种养、乡村旅游业。以智能制造为统领，鼓励企业加大技术改造力度，全区通过省市清洁生产审核验收企业 68 家，拥有区级以上两型示范企业 24 家，市级智能制造试点示范企业 55 家。在开发建设、招商引资等经济工作中坚持有所为，有所不为，不符合主体功能区定位的一律不予审批，近年来，园区外退出工业企业 40 余家。

（2）铁腕治污，打好污染防治攻坚战

启动大众垸河湖水系连通工程，开展堤岸整治 21.4 km，全面打通整治垸内水系 99.3 km，让垸里的水"活"了起来。推进重金属污染耕地修复治理和农作物种植结构调整，累计完成种植结构调整 8.85 万亩，耕地重金属污染治理 81 万亩。加快智能化监管平台建设，"城管机器人"智能识别系统、建筑工地智慧云监管系统、智慧渣土管理系统和全省首个秸秆禁烧视频监控系统相继投入运行，4 000 多个高清摄像头覆盖全区；依托智慧园区平台，在望城经开区设立 35 个大气污染监控点位，对重点企业厂界废气浓度实施 24 小时在线监控。

（3）典型示范，农村环境整治不松懈

实施农村环境综合整治，农村环境整治"望城模式"、垃圾分类"白箬模式""乔口模式"等经验在全国推介。率先在全区 14 个街镇、115 个

村（社区）推行垃圾分类减量，2018 年，成功入选全国首批"农村垃圾分类减量和资源化利用示范区"；大力实施农村生活污水治理计划，对 13 座乡镇污水处理厂进行提标改造和管网建设，全区生活污水处理率达 96.6%以上，村庄环境综合整治率达 100%，建设无害化厕所 5.8 万座，在长沙市率先实现无害化厕所全覆盖；扎实推进农业污染治理计划，禽畜粪污综合利用率达 90%；开展化肥农药零增长行动，化肥及农药使用量连续三年实现负增长。

（4）农旅融合，推进乡村振兴高质量发展

以良好的生态环境推动精品农业和乡村全域旅游，绿色发展硕果摇枝。大力发展生态精品农业，培育"三品一标"产品，打造了"乌山贡米""望城鲌鱼"等生态种植、健康养殖品牌。打造以六大古镇为重点的古镇休闲游；以光明大观园等为重点的乡村度假游；以雷锋纪念馆等为重点的红色文化游；以望城经开区为重点的工业体验游，先后创建 4 个 4A 级、7 个 3A 级景区，近三年，全区接待游客量、旅游综合收入年均分别增长21.5%、28.6%。

案例报告四

零陵区生态文明示范创建探索实践

零陵地处湘南，潇湘二水在此交汇，雅称"潇湘"。全区辖 16 个乡镇街道，总面积 1 964 km²，常住人口 57.06 万人。境内水网密集，拥有大小河流 123 条，流域面积 1 470 km²；境内自然资源丰富，森林覆盖率达 55.92%，是"国家优质粮食产业工程县（区）""国家产粮大县（区）"，也是全国有名的"异蛇之乡"。

近年来，零陵区区委、区政府牢固树立"绿水青山就是金山银山"的理念，坚持生态优先发展战略，紧紧依托良好的生态禀赋，在加强生态建设、强化资源保护、改善生态环境、推进节能减排和污染治理、发展绿色经济等方面取得了显著成效，全面提升了生态文明建设水平，先后荣获中国天然氧吧、中国幸福城市、国家历史文化名城、国家卫生城市、国家森林城市、省级重点生态功能区等一系列生态名片。2019 年 11 月，永州市零陵区被生态环境部命名为第三批国家生态文明建设示范区。

一、零陵区生态文明建设的主要做法

（1）政府强力推动，绘制一张生态创建蓝图

一是加强组织保障，全面践行生态环保理念。2016 年，永州市政府工作报告提出了争创国家生态文明建设示范市的目标，2017 年 2 月，区委

经济工作会议将国家生态文明建设示范市与国家文明城市、国家交通管理模范城市、国家园林城市、国家旅游休闲示范城市纳入了"五城同创"范围，作为七大战役中环境治理战役、城镇提质战役的重要内容。随后，零陵区确立了以区委区政府主要领导亲自抓生态文明创建，各分管领导分头抓各项工作落实，人大、政协主要领导全面参与治水、治气重点生态治理工程，全区各部门齐抓共管的工作机制，每年将生态建设工作纳入街道党政领导班子绩效考核内容，考核权重不少于20%，出台零陵区生态文明建设考核办法，零陵区生态文明建设专项资金使用管理办法及其补充规定，从政策机制上进一步保障生态文明的建设。

二是突出顶层设计，科学规划生态文明建设工作。相继出台《零陵区创建国家生态文明建设示范区实施方案》，编制《零陵区生态文明建设示范区规划》等文件，以生态创建带动生态环境保护工作迈上新台阶，专题召开全区创建部署会议、年度工作任务推进会、季度协调会，系统安排全区创建工作，目前，全区6个乡镇获得省级生态乡镇命名，其中2个获得国家级生态乡镇命名，美丽乡村建设85个，其中省级挂牌2个、市级挂牌2个。

三是加大资金投入，保障生态文明建设项目落地。出台系列促进产业结构调整专项资金扶持政策，鼓励战略性新兴产业和高成长企业发展，加大对工业技改项目的补助，先后出台多项科技、人才扶持政策。先后开展美丽乡村建设、生态廊道建设、垃圾分类、生态矿区等项目建设，累计投入资金超过10亿元，推动大气、水、土壤、城乡等环境综合整治工作，进步推动空气环境质量、水环境质量等指标达到要求。

（2）部门协同，打好一套环境整治组合拳

一是全域开展"治水"攻坚战。强化源头治污和系统治理，以"污水零直排区"建设为抓手，力争实现污水"应截尽截、应处尽处"，推进污水处理提质改造，零陵区污水处理厂提质改造项目投入正常运行后，尾水排放达"国标"标准，日污水处理能力达到 10 万吨；持续推进矿山整治、畜禽养殖、砖瓦行业、河道采砂等重污染行业深度治理，全面推进"六小"服务行业整治，完成整治"六小"经营户 200 余家，推进全区加油站地下油罐改造工作，已完成 20 余家加油站地下油罐更新改造；农业面源污染治理方面，2017 年以来，完成 100 余家畜禽养殖企业的标准化整治，取缔、关停规模以下养殖企业 200 余家，制定资源化利用方案，沼液资源化利用 10 万吨，推广商品有机肥 1.5 万吨；完成水产养殖生态化改造 500 余亩。

二是全面打赢"蓝天"保卫战。淘改 20 台燃煤锅炉和 938 辆黄标车，改造燃煤锅炉 30 余台，改造后燃煤锅炉达标排放，全力推进企业挥发性有机物整治，开展了涂装、修理厂等行业有机废气治理，完成 50 余家企业的 VOCs 整治工作。加强全区污染源在线监控系统运行管理，全区 20 余家重点污染源均已安装在线监控设备，实现了全方位在线监控。全面开展城市道路、矿山、建筑工地等扬尘污染防治工作。

三是全面推进"治土"持久战。出台《零陵区土壤污染防治工作实施方案》，扎实推进全区土壤污染防治工作。完成了全国土壤污染详查布点工作，为下一步土壤污染治理打好了基础。做好土地收储和流转、改变用途等环节的审查把关，督促做好土壤污染调查工作，组织完成全区潜在污染地块环境风险排查，扎实推进重点治理修复工程，投入 5 000 万元完成了废气、矿山修复治理（一期、二期、三期）工程，正在实施零陵区石期河流域历史遗留废弃矿山生态修复项目，同时，开展农业面源污染防治，推进化肥农药减量增效行动，推广应用测土配方施肥、有机肥替代等化肥农药减量技术与模式，持续降低农业面源污染。2018 年以来，推广商品有机肥 15 万吨。

（3）绿色发展新路径进一步拓宽

一是推进重点节能减排工程建设。加快"五小"企业整治，对辖区内涉及无证无照、无合法场所、无环保措施和无安全保障的"五小"企业（作坊）进行排查，"企业小循环、产业中循环、区域大循环"的循环经济模式日渐完善，光大环保能源有限公司、动物无害化处理中心等废物综合利用项目建成投产。同时，扩大天然气等清洁能源的应用规模，目前城区天然气管网铺设工作全部完成。

二是生态生活提质提升。全力打造国家卫生城市、国家历史文化名城、旅游度假休闲胜地，积极创建国家生态文明建设示范区、国家园林城市、国家文明城市、全国社会信用体系建设示范城市、国家公共文化服务体系示范城市、全国禁毒示范城市，规划实施了国家湿地公园、西瓜岭公园、朝阳公园、观音山公园等一批新的公园建设，通过实施"乡村振兴"新农村建设工程、人居环境重点整治行动和美丽乡村建设，全区城乡变得山清水秀地干净、精致整洁人文明。

（4）全民互动，打造一个共建共享大平台

生态创建和生态文明建设宣传方式不断创新，公众参与机制不断完善。每年开展"六五"世界环境日和生态文明系列宣传活动，包括文艺汇演、环保知识竞赛等多种形式，开展知识宣讲和生态展板进街道、社区、企业、学校等。围绕生态文明建设，倡导绿色环保理念，先后编印市民文明手册2万册、生态文明建设示范区宣传手册1万册，广泛宣传创建工作，提倡低碳生活方式，开展"绿色家庭""绿色校园""绿色社区""绿色工地""美丽庭院""文明村镇"等评选活动，发挥先进典型示范带动作用，引导各行各业积极参与到生态文明建设当中来，做到生态创建从我做起，人人参与，大力倡导市民树立生态环保理念，从身边做起，从小事做起，共同打造绿色宜居、和谐共生社会环境，近年来，公众知晓率、满意率、

参与率逐年提升。

二、零陵区生态文明建设的主要启示

（1）生态立区　多城同创

零陵区把创建国家生态文明建设示范区与创建全国文明城市、国家卫生城市、国家园林城市、国家公共文化服务体系示范区等工作有机衔接起来，编制了《零陵区生态文明建设示范区规划》，明确了生态建设目标，确定了生态功能区划，提出了相应的重点建设工程及其保障措施，注重一规与多规、一创与多创的有机统一，使整个创建工作做到相互策应、相互促进、主题突出，为创建生态文明建设示范区奠定了良好的规划基础。

（2）节能减排　统筹共治

零陵区坚决扛起守护好湘江源头的政治责任，以中央环保督察反馈问题整改为抓手，全面推进重点区域、重点行业、重点领域节能减排工程建设，累计投入生态文明建设资金30余亿元，用于清洁生产技术和生产工艺改造，先后关停污染企业200余家，节能减排取得明显成效。全区单位GDP能耗由0.63吨/万元下降到0.47吨/万元；化学需氧量、氨氮、二氧化硫、氮氧化物分别削减了2 156吨、298吨、188吨、92吨。以"美丽乡村"建设为抓手，大力推进"封山育林、荒山造林、通道绿化"，3个乡镇被评为国家级生态乡镇，6个乡镇被评为省级生态乡镇，建设美丽乡村85个。以蓝天、碧水、净土"三大保卫战"为抓手，全面落实"河长制、林长制、路长制"，统筹推进城区、园区、景区、矿区、农区"五区共治"，城区空气质量达到二级标准，地表水体全部达到II类或III类水体功能区要求，农村生活垃圾全部实现无害化处理。

（3）转型升级　绿色发展

零陵区突出把产业转型升级作为生态文明建设的治本之策，做足"生态+"文章，推动三次产业绿色发展，坚持特色农业品牌化发展方向，着力加强"永州之野"公用品牌农产品基地建设，培育发展了优质稻、生猪、油茶、茶叶等十大特色农业产业；坚持新型工业发展方向，大力推进工业转型升级，积极培育壮大锰系新材料、电子信息、风能发电、光伏发电、生物医药等战略性新兴产业，高新技术产业产值占规模工业总产值比重达45%以上；坚持绿色产业发展方向，着力发展文化旅游、商贸物流、职业教育、电子商务和现代金融等第三产业，着力推进以文兴旅、以旅兴业、文旅融合，培育了4A景区2个，3A景区3个，获批"全省第三批精品旅游线路重点县区"，形成了农、文、旅融合、绿色发展格局。

案例报告五

石门县生态文明示范创建探索实践

石门县位于湖南省西北部，地处湘鄂交接，武陵山脉东北端，神秘的北纬30°线上。东望洞庭湖，南接桃花源，西邻张家界，北连长江三峡，有"武陵门户"与"潇湘北极"之称。辖27个乡镇区、街道、农林场，331个行政村（居），15.5万个农户，总人口66.7万人，总面积3 970 km²。石门是湖南省矿产资源大县，有储量居世界之冠的雄黄矿、居亚洲之冠的矽砂矿、磷矿。同时是"中国名茶之乡""中国茶禅之乡""全国绿茶出口基地县""中国柑橘之乡"，也是"湖南省旅游强县"。2019年12月，成为全国乡村治理体系建设试点单位。

从1998年全面封山禁伐开始，石门县始终高举生态优先旗帜，以生态文明创建为统领，实施生态立县战略，破解了一个个难题，交出了自己独有的美丽答卷，国家生态文明建设示范县的勋章，在湘鄂西边界闪耀。近年来，先后获得了"国家卫生县城""全国文明县城""国家级生态示范区""全国林下经济示范基地县""全国绿化模范县"等荣誉称号，被纳入国家重点生态功能区。2019年11月，常德市石门县被生态环境部命名为第三批国家生态文明建设示范县。

一、石门县生态文明建设的主要做法

（1）传承生态立县战略理念，生态创建历久弥新

一是机构领头，久久为功抓创建。石门县在2004年就成立了城乡创建指挥部，2013年，更名为生态立县战略指挥部，生态文明建设网络无缝覆盖城乡。多年来，全县各镇、村通过生态示范创建这个载体，加强美丽乡村建设，努力提升城乡生态文明水平，倾力打造宜居滨水新石门。

二是创新机制，夯实基础抓创建。2006年，石门县在全国率先制订了县级文明卫生村标准，设置了无害化卫生厕所、安全饮水、畜禽粪便综合利用、清洁能源、垃圾分类等生态建设条件，要求申报生态村，必须创建成为县级文明卫生村。达不到文明卫生村标准的，取消生态村申报资格。

三是坚持标准，整改提质抓创建。在多年的生态、文明、卫生创建验收实践中，坚持数量服从质量的原则，始终不离标准底线，不合格的坚决不予通过验收并要求整改，多年来先后有3个乡镇和79个行政村，因未验收合格，被取消当年申报资格。文明卫生创建前置、预检督导、整改提质、层级考核等做法，成为生态创建路上的重要"推手"，呵护着生态文明建设始终不离踏实、良性的轨道。

（2）突破生态文明建设瓶颈，主攻人居环境整治

一是突破制度建设瓶颈，发挥村民主体作用。2014年，出台了《石门县城乡一体化生活垃圾治理规划》，明确了全县垃圾治理新思路：即在源头推行垃圾分类减量，在中途增强垃圾清运能力，在末端实行垃圾无害化处理。同时，出台了《农村环境卫生整治考核奖惩办法》《关于建立健全石门县农村环境卫生管理长效机制的意见》等一系列文件，把农村人居环境人居整治工作纳入乡镇年度绩效考核内容，村居实行村民环境卫生自治协会和保洁员"全覆盖"，突出了广大群众参与人居环境整治和美丽乡村

建设的主体地位，最大限度地调动了广大群众参与生态文明建设的积极性和主动性。

二是突破生活污水治理瓶颈，因地制宜分散处理。从 2007 年开始，石门县将农村改厕作为生态文明建设具体行动计划的重要内容来抓，连续 12 年来不间断实施无害化厕所改造，与经济发展目标同部署、同考核、同奖惩。多年来，通过强化宣传教育、专门培训、落实保障、办点示范、全力推进等多项措施，至 2019 年 8 月底，全县共改造、新建卫生厕所 139 006 座，其中无害化卫生厕所 39 351 座，受益群众 46.84 万人。全县卫生厕所普及率 90.6%。农户环境卫生面貌和农村生态文明水平发生了颠覆式的变化，打破了农村生活污水处理的致命"瓶颈"，保护了农村这块生态净土。

三是突破垃圾无害化处理瓶颈，从消耗资源到资源化利用。2014 年 7 月，县政府与石门海创环境工程有限责任公司签约合作，投资 7 800 万元用于"石门县利用水泥窑协同处理生活垃圾项目"的实施，对城乡生活垃圾进行无害化处理，垃圾焚烧产生的热能用于发电，废渣全部用于水泥生产，整个过程无二次污染，对垃圾处理实现了"吃干除尽"。该项目自 2015 年 11 月初投入试生产以来，已累计处理生活垃圾 7 万吨，节煤 0.4 万吨，减排二氧化碳 1.2 万吨，减少垃圾填埋占用土地 15 亩。为解决偏远乡村的垃圾收集、转运处理问题，2016 年，与中联重科签订湖南省首个县域全环境治理战略合作框架协议，推进石门城区清扫保洁和县域垃圾收运体系建设，实现城乡垃圾管理一体化。项目完成了全县域垃圾压缩站的建设，新建了一个大型垃圾水平式压缩转运站。全县垃圾都进入海螺公司水泥窑协同处理，真正实现了垃圾日产日清，避免了二次污染。

（3）做好生态建设加减法，念好绿色发展经

一是加快转型升级节奏，做好产业调整加减法。2014 年以来，关闭了

24家砖厂和57家不符合国家产业政策的"五小"企业，新发展了以利用尾矿、工业废渣、城市建筑垃圾、页岩等为原料的新型建材企业8家，全县非粘土墙材生产厂家达到44家，有两家企业被省里认定为新墙体企业。现在，县城规划区内新型墙材应用比例达到90%。据统计，新墙材的推广使用可节省能源3万吨标煤，节约耕地825亩，利用废渣15万吨，减少二氧化碳0.0725万吨。一个个循环经济企业，一个个节能降耗项目，支撑起了全县生态工业经济的大梁，仅石门经济开发区的循环经济项目已发展到30多个，年产值20亿多元，约占园区工业总产值的20%。

二是立足生态资源优势，打开绿色农业致富门。丰富的生态资源使得全县"山地文章"不断做活做大。目前，该县培育形成了柑橘、茶叶、畜禽养殖等特色生态农业，拥有石门马头山羊、石门土鸡2个国家地理标志保护产品，石门柑橘、石门银峰2个全国名特优新农产品以及"石门银峰""湘佳""节节高"3个中国驰名商标，湘佳牧业公司成为农业产业化国家重点龙头企业，赢得了全国十大生态产茶县、国家级出口食品（农产品）质量安全管理示范区等国字号荣誉。石门县拥有壶瓶山国家级自然保护区、夹山国家森林公园、仙阳湖国家湿地公园、罗坪省级地质公园、白云山省级森林公园等自然保护地。多年来，通过大力实施护林增绿工程，扮靓了城乡山水，构筑了绿色生态屏障，森林蓄积量由封山禁伐前的358万 m^3 增至938万 m^3，林地面积431万亩，森林覆盖率由56.8%上升至68.1%。先后获得了全国绿化模范县、全国林下经济示范基地县等生态文明建设的国家级荣誉。新一轮退耕还林成果2019年7月通过了国家现场核查。

三是保持和扩充生态功能，擦亮"生态名片"。多年的生态环境保护，获得了野生动物的"认同"与"亲睐"。2008年以来，分别在壶瓶山国家级自然保护区、仙阳湖国家湿地公园发现了"鸟中大熊猫"中华秋沙鸭。2013年，澧水石门段黄尾密鲴水产种质资源保护区从省级升格为国家级种质资源保护区。2016年2月，壶瓶山又考证发现了新物种"壶瓶山鮡"，成了石门县生态环境日益改善的一个个"注脚"。

二、石门县生态文明建设的主要启示

（1）从禀赋到坚守，保护生态基础

严守生态保护红线，严格环境准入，严格保护壶瓶山国家级自然保护区、夹山国家森林公园、仙阳湖国家湿地公园、罗坪省级地质公园、白云山省级森林公园等自然保护地。禁养区内所有畜禽养殖场完全退出，畜禽粪污资源化利用，326家养殖场全部整改治污达标；率先在水库全面实施禁止投肥养殖。多方筹资5.81亿元，实施安饮工程，保护饮用水水源地，解决了58.12万人农村饮水安全问题。澧水石门段创建国家级黄尾密鲴种质资源保护区，仙阳湖迎来了"鸟中大熊猫"中华秋沙鸭，壶瓶山又发现了新物种"壶瓶山鳅"，成为了生态环境日益改善的一个个"注脚"。在国家重点生态功能区县域生态环境质量考核中，石门县连续三年名列湖南省前茅。

（2）从整洁到靓丽，打造最美环境

推进城乡垃圾一体化管理，大力推行垃圾分类，利用海螺水泥窑协同处理城乡垃圾，生活垃圾无害化处理率100%。因地制宜治理城乡生活污水，共改造无害化卫生厕所4.1万座，建设乡镇集镇污水处理设施29套。在县城全面实施雨污分流改造，新建城市雨污管网87 km；新建城市休闲绿地20多处，新增城市公共绿地6 hm^2。

（3）从资源到资本，坚持绿色发展

近年来，石门县关停不符合国家产业政策的企业73家，完成重点工业污染源达标治理项目68个，以工业废渣等为原料的新型建材企业、火电厂冷却水发电、水泥窑协同处理生活垃圾、水泥窑余热发电等一批循环

经济项目投入运行，石门经济开发区创建成为省级绿色园区。绿色、有机农产品种植成为"新时尚"，获得了"全国重点产茶县""全国柑橘标准化示范区""国家级出口食品（农产品）质量安全管理示范区"等荣誉，生态立县的道路越走越宽。

案例报告六
资兴市生态文明示范创建探索实践

资兴市地处湖南省东南部，湘、粤、赣三省交汇处，国土面积 2 735.45 km²、总人口 38.25 万人，享有国家长江经济带、湖南省"一带一部"和湘南承接产业转移示范区等发展战略带来的重大发展机遇，拥有蓄水量达 81.2 亿 m³、水质优于饮用水一级的绿色宝库——东江湖。

资兴市党委政府坚持以习近平生态文明思想为指导，深入践行"绿水青山就是金山银山"理念，变生态优势为经济优势，成功创建国家可持续发展先进示范区、国家生态示范区、国家全域旅游示范区、中国美丽乡村建设示范县，走出了一条点水成金、生态惠民的新路子，县域经济综合实力稳居全省第一方阵，跻身"全国小康城市 100 强"，塑造了生态文明建设"资兴样板"。2019 年 11 月，资兴市被生态环境部命名为第三批"绿水青山就是金山银山"实践创新基地，是湖南省首个获此殊荣的县（市、区）。

一、资兴市生态文明建设的主要做法

（1）守护绿水青山，全市生态环境保护工作成绩明显

资兴市作为湖南省第一个"绿水青山就是金山银山"实践创新基地和全省唯一的"全国可持续发展先进示范区"，紧紧围绕"东江湖水资源保护和利用"主题，走出了一条"绿水青山就是金山银山"的可持续发展之路。

一是空气质量优良率逐年提升。资兴市市域无酸雨天气、无重度污染天气，城区空气质量优良，优良率呈上升态势。二是优质水资源储量居全国前列。资兴市域河流、湖泊水质长年符合功能区划标准要求、集中式饮用水水源地水质达标率100%。境内东江湖81.2亿 m^3 水质长期保持地表水 II 类标准、出湖水质达到地表水 I 类。三是生态环境质量优良。已被评为国家园林城市、国家重点生态功能区县。全市森林覆盖率达76.2%，建成国家级自然保护地5个、重点保护植物群落15个，拥有国家重点保护野生植物31种、野生动物33种。

（2）统筹"山水林田湖草"系统治理，建立东江湖流域绿水青山保障体系

近年来，资兴市委、市政府牢固树立并扎实践行"绿水青山就是金山银山"的理念，把保护好东江湖作为原则性目标。通过成功争取国家重点湖泊专项资金支持，积极申请亚行贷款，足额完成地方配套，共投入16亿元用于东江湖生态环境保护。资兴市把又好又快推进东江湖"一湖一策"项目建设作为政府一号攻坚工程，建立了强有力的项目推进机制和规范透明的项目管理机制，足额筹措了建设资金，举全市之力全面加快项目建设，并建立了长效运营机制，全力呵护一湖碧水。先后出台了《东江湖周边畜禽养殖污染防治规划》《渔业资源管理办法》《湖区住宿和餐饮业环境保护管理办法》《沿湖乡镇农村建房管理办法》《船舶污染物收集处理管理办法》《重大项目环境准入制度》《非法违法行为举报奖励办法》等一系列保护优先的管理与制度文件。通过多年的努力，东江湖"一湖一策"42个子项目全部竣工并投入使用。在项目规划上，东江湖流域积极探索"山水林田湖草"系统治理新路径。将林草植被恢复与田溪河湖水系综合治理统筹规划、同步推进，相继实施农村环境综合整治、船舶污染整治、畜禽养殖污染防治、环湖农业面源污染治理、网箱养殖退出，有效截断外源污染、清除内源污染，并实施林草植被恢复及饮用水源保护等工程，流域内田溪

河湖水系得到全面治理。

目前，东江湖流域内逐步建立起了较完善的污染治理体系、生态保育体系和监测监察体系，统筹推进了东江湖流域山水林田湖草系统治理，东江湖出湖监测断面水质稳定保持地表水Ⅰ类标准。

（3）从"黑色经济"到"绿色经济"的成功转型

资兴曾是全国有名的煤都，已探明的煤炭资源储量约 1.3 亿吨。

20 世纪 90 年代中期，年产达 340 万吨，煤炭及其关联产业占全市经济 GDP 总量的七成，资兴市财政收入的一半以上来自煤炭及其关联产业。2000 年以来，由于长期大规模的开采，煤炭资源日渐枯竭。资兴市以国家资源枯竭城市转型战略部署为契机，市委、市政府确定"生态立市、开放活市、产业强市、文化兴市"的转型发展思路，认真践行"绿水青山就是金山银山"的绿色发展理念，积极推进资源枯竭城市转型，大力发展循环经济，着力改造提升传统产业、发展壮大新型工业，产业发展由资源依赖转向科技创新型。围绕建设两型社会示范城市、现代工业文明城市和生态宜居旅游城市的战略目标，从新兴产业入手，加大力度引进和培育大数据、硅材料、电子信息、食品加工、有色金属、新能源、文化旅游和特色农业等"八大优势产业链"龙头企业。大力推进资源型城市转型和绿色可持续发展，实现"黑色经济"向"绿色经济"的成果转型，取得了显著成效。

二、资兴市生态文明建设的主要启示

（1）用"冷水"做强大数据

资兴市以东江湖丰富的水资源作为服务器散热冷源，打造了全国最环保节能的大数据中心，能承载 20 万个机架、500 万台服务器，满足 1 000多家互联网企业的需求，可实现年节约用电 50 亿千瓦时、减少二氧化碳排放 165 万吨，现已通过国家质量认证中心（CQC）A 级数据中心认证，被授牌为国家绿色数据中心、湖南省大数据产业园、湖南省新型工业化产业示范基地，中国电信等30余家公司已入驻或签约。

（2）用"优水"发展高端饮品

资兴市通过政企联动，加快水产品开发利用，实现东江湖优质水资源的高效利用，让水变成实实在在的经济效益。青岛啤酒郴州公司新上原麦鲜啤、易拉罐啤酒、海藻苏打水生产线正式投产，海藻王子苏打水填补了国内健康饮水创新市场的空白，浩源食品公司年生产18万吨的东江湖优质饮用水生产线年销售额达2亿多元，东江湖饮水工程已惠及郴州城区和周边桂阳县等城市群200多万居民。

（3）用"秀水"拓展全域旅游

资兴市依托创建的国家级风景名胜区、国家生态旅游示范区、国家5A级旅游区等六个"国字号"生态品牌，打造了"城乡处处是风景，时时处处皆可游"的全域旅游目的地、示范区。以水生态文明和绿色发展主题的2020年湖南（秋季）乡村文化旅游节在资兴市白廊镇成功举办，尽展资兴山水魅力与民俗风情，助推郴州全域旅游发展。

（4）用"净水"浇注生态农业

资兴市充分利用东江湖洁净水灌溉，积极发展绿色、有机生态农业，成功创建全国绿色食品原料标准化生产基地、国家农产品质量安全市，打造了"东江湖蜜橘""东江湖鱼""狗脑贡茶"等国家地理标志产品，带动发展586家农村合作社、276家家庭农场、30家规模以上农产品加工企业，建立农业标准化生产示范基地26个共75万亩。现正在建设农村产业融合发展示范园、清江柑橘特色产业小镇、汤溪茶叶特色产业小镇、兴宁蔬菜特色产业小镇和八面山楠竹特色产业小镇"一园四镇"，打造百亿柑橘产业、百亿茶叶产业，强力推进农业产业规模化、标准化、品牌化。

案例报告七
湘阴县生态文明示范创建探索实践

地处湘资两水尾闾、洞庭湖滨的湘阴县，是岳阳的"南大门"，紧邻省会长沙。全县辖 14 乡镇 1 街道，总人口 71.5 万人，县域总面积 1 581.5 km²，其中水域面积超 100 万亩，生态保护红线管控区占 20%，是湖南生态保护"一脉""一肾"的重要组成部分。

近年来，湘阴县深入贯彻习近平生态文明思想，坚持"生态优先、绿色发展"，统筹好生产、生活、生态三大空间布局，驰而不息打好污染防治攻坚战，努力建设"天蓝、地绿、水清"的美丽湘阴。先后成功创建国家卫生县城、省级文明县城和省级园林县城，获评全国污染源普查先进县和湖南省湘江流域水污染综合治理先进县、新农村建设先进县、城乡环境整治十佳县、生态文明建设示范县、实施乡村振兴战略先进县。2020 年10 月，湘阴县获批第四批"国家生态文明建设示范市县"。

一、湘阴县生态文明建设的主要做法

（1）突出生态立县，树牢生态优先理念

坚持把加强生态文明建设作为践行"四个意识"、做到"两个维护"的现实检验，自觉把经济社会发展同生态文明建设统筹起来，全力厚植县域生态文明。一是坚决做到"三个转变"。树牢正确政绩观，持续转变发展理念、发展思路、发展方式，坚持将绿色发展作为首选战略，积极围绕绿色产业抓发展，培育壮大绿色建筑建材、绿色装备制造、绿色食品和生态旅游四大主导产业。坚决摒弃"先污染、后治理"的老路，坚决不要"带血"的 GDP、带污染的 GDP、带"水分"的 GDP，加快推动产业结构变"轻"、发展模式变"绿"、经济质量变"优"，用环境治理留住绿水青山，用绿色发展赢得金山银山。二是坚决做到"三个优先"。坚持环保工作优先谋划、环保问题优先解决、环保投入优先保障，将生态文明建设工作摆上县委、县政府最紧要的工作日程，成立由县委书记任顾问、县长任组长的创建国家生态文明建设示范县领导小组，近 3 年先后 30 多次召开县委常委会、县政府常务会、书记办公会、县长办公会等专题研究生态文明建设工作，出台实施了《湘阴县推动生态优先绿色发展行动方案》《湘阴县洞庭湖生态环境专项整治三年行动实施方案（2018—2020 年）》《湘阴县推进洞庭湖和湘江治理"十大清湖行动"实施方案》等 10 多个文件。特别是在环保资金投入上倾尽全力，近 3 年县级共投入洞庭湖和湘江水质提升、农业面源污染防治、农村环境综合整治、工业污染整治、饮水安全保护和治理等资金逾 15 亿元，其中环保投入占公共财政总支出的 9%。三是坚决做到"四尽四不"。在加强生态文明建设工作中，坚决做到不利于生态建设的生产经营项目应退尽退、不利于生态建设的非法建设项目应拆尽拆、环境保护设施应建尽建、环保违法违规行为应纠尽纠。对环保突出问题整改，坚决做到不犹豫、不敷衍、不推诿、不惜代价，确保责任、任务全面落实落地，先后整改落实中央和省市督办交办有关问题 50 多个，在中央环保督察"回头看"过程中，受理信访件的总数量在岳阳六县市中是最少的，督察情况在全市是最好的。特别是坚持把环评作为项目建设第一道"门槛"，严格执行"三同时"制度和"三个一律"要求：坚决不引进破坏生态、污染环境的项目，凡没有通过环评的项目，一律不得供地、不得签合同；凡环保设施不全的，一律不得正式投入生产；凡违法排污、整改不达标的企业，一律停产整顿，在源头上杜绝新的污染源产业。近几年来，先后拒绝不符合环保要求的招商项目 50 多个。

（2）突出规划引领，优化生态空间布局

坚持规划先行，扎实推进"多规合一"，以科学规划引领生态文明建设向纵深推进。一是注重科学编制生态文明建设规划。聘请湖南省泰康环保工程有限公司，按照"保护优先、协调发展，整体优化、相互衔接，因地制宜、突出特色，政府调控、社会参与，深化改革、创新驱动"的原则，紧密结合《国家生态文明建设示范市县管理规程》《国家生态文明建设示范市县指标》等文件要求，高标准编制了《湘阴县生态文明建设示范县规划（2018—2025）》，统筹推进全县生态制度、生态安全、生态空间、生态经济、生态生活、生态文化建设。二是注重科学划定生态保护红线。统筹县域自然生态空间开发、保护和整治，落实生态环境保护"三线一单"制度，构建科学的城市建设、农业发展、生态安全格局，形成了合理的生态、生活、生产空间，全县生态保护红线面积 303.83 km^2，占全县总面积的 19.21%。三是注重科学优化自然保护地范围。全县共有横岭湖省级自然保护区、洋沙湖 - 东湖国家湿地公园、鹅形山省级森林公园 3 个自然保护地，总批复面积 45 718.17 hm^2，占全县总面积的 28.91%，目前我县正按照国家和省市部署，依法依程序申报对自然保护地进行整合优化。

（3）突出绿色生产，发展生态产业经济

实施创新驱动、开放带动、产业联动，突出产业特色，促进集群发展，推进绿色转型，加快构建现代绿色产业体系。一是立足高新、高端升级新型工业。坚持强园兴工、兴工强县战略，瞄准打造"千亿园区、百亿产业、十亿企业"目标，研究出台了《关于强力推进强园兴工加快实体经济高质量发展的决定》等"1+7"配套政策，全面实施工业发展五年行动计划，设立 5 000 万元工业发展基金和科技创新基金，全力推动三大主导产业和三条新兴优势产业链集聚、集群发展，拥有规模工业企业 126 家、高新技术企业 47 家，2016 年，县工业园获批省级高新技术产业开发区，2018 年，成功入选全省 3 个全国首批创新型县之一，2019 年，获评国家钢结构装配式住宅试点县、国家知识产权强县工程试点县、全省创新驱动发展先进县、全省落实创新引领战略等政策措施成效明显县。近 3 年，共淘汰"僵尸"企业 41 家，实行"退二优二"，盘活土地超过 1 000 亩。二是立足品质品牌升级现代农业。坚持"政府引导、市场主导、企业主体，政策推动、示范带动、农民主动"，因地制宜、稳慎推进调优粮食种植、调增经济作物、调增特色水产、调精畜禽养殖、调增休闲农业的"一调优一调精三调增"行动，加快构建产地生态、产品绿色、产业融合、产出高效的现代农业发展模式，致力打造"湘阴农品"公共品牌。全县发展订单式高档优质稻 17.2 万亩、稻虾和稻蟹综合种养 8.57 万亩、特色水产养殖 4.3 万亩、经济作物种植 30.8 万亩，杨林寨乡获评全国"一村一品"示范乡镇，鹤龙湖镇获评全市农业产业化特色小镇，全县共发展规模以上农产品加工企业 94 家，其中市级以上农业产业化龙头企业 47 家，创建"农字号"中国驰名商标 8 个、中国名牌产品 1 个、省著名商标 33 个、省名牌产品 39 个，"三品一标"农产品达 107 个，全省农业结构调整现场会在湘阴县召开，湘阴获评"中国好粮油行动"示范县、"好粮油"行动计划项目国家级示范县和全省实施乡村振兴战略先进县。三是立足全域全景升级生态旅游。坚持把旅游业作为县域经济的战略性支柱产业、现代服务业的龙头产业、乡村振兴的富民产业来培育，按照建设湖南生态康养旅游胜地、湘军文化研学旅游基地、国家休闲度假首选地、国际湿地休闲生活旅游目的地的发展定位，加快推进全域旅游三年创建行动，着力打响名水、名人、名食、名窑"四张名片"。洋沙湖小镇升级为国家 4A 级景区，成功承办 2017 中国湖南国际旅游节开幕式、第十二届中国湘菜美食文化节，成功举办樟树港辣椒节、鹤龙湖龙虾美食文化节、G240"乡味长廊"丰收美食节等节会活动，湘阴湖鲜美食首获央视专题推介，获评全国首个"湖鲜美食之乡"，2017—2019年接待游客分别达570万人次、628万人次、786万人次，旅游收入同比分别增长35%、31%、25%。

（4）突出防治并重，提升生态保护水平

坚持全面动员、全域覆盖、全程共治，打响蓝天、碧水和净土保卫战，推动县域生态环境新账不再欠、老账逐步还。一是深入推进蓝天保卫战。城区范围内10吨以下燃煤锅炉已全部淘汰或实行能源替代，高岭加油站等35家加油站油气回收系统改造完成，6个灶台以上的规模餐饮店全部安装油烟净化装置，餐饮业清洁能源使用率达95%以上，4家挥发性有机废气排放企业全部整治到位。车辆尾气检测机构运营顺畅，黄标车及老旧车淘汰加快，建筑、道路和交通扬尘污染和露天焚烧秸秆等整治扎实推进，全域禁炮全面实施，2017—2019年，空气质量优良率分别达83.3%、89.9%、91%，PM2.5浓度分别为44μg/m³、39μg/m³、39μg/m³，2020年1-9月份,空气质量优良率100%。二是深入推进碧水保卫战。严格落实河、湖长制，以前所未有的决心和力度，创新实施以清非法排污、清非法采砂、清非法码头、清非法构筑物、清非法养殖及农业污染、清非法捕捞捕猎、清河湖垃圾、清有害生物、清水源污染、清沟渠淤泥杂物为主要内容的"十大清湖行动",统筹推进水污染治理、水生态修复、水资源保护、水安全保障。共拆除南洞庭湖水域矮围48处520 km，关退禁养区畜禽养殖场33.57万m²，清理横岭湖自然保护区欧美黑杨40 343亩，取缔32个砂场码头、3处混凝土搅拌场、50家粘土砖瓦窑厂、11家水上餐饮船，集中管控"僵尸船"、采砂工程船65条，血防区洲滩放牧、天然水域投饵投肥养殖全面禁止，重点水域禁捕退捕全面实施，附山垸垃圾填埋场治理修复全面完成，县城生活垃圾焚烧发电厂建成运营，10家重点企业入河、入江排污口均达标排放，9家重点排污企业均已安装在线监控设施，国控断面樟树港、虞公庙、横岭湖，省控断面乌龙嘴，市控断面洋沙湖，省控趋势点位东湖和鹤龙湖水体水质整体达标。三是深入推进净土保卫战。严格落实建设用地土壤污染风险管控和修复，原县广兴化工历史遗留重金属治理、原县铅冶炼厂土壤治理和20个行政村农村生活污水整治试点示范项目全面完成并通过验收，大冲村农田土壤转移至建设用地覆土试点项目、湘阴县金龙镇化肥农药农业废弃物整治示范区建设项目、鹤龙湖流域山水林田湖草生态修复工程试点项目等农业面源污染治理项目全面完成。全县32.53万亩安全利用区和1 149.23亩严格管控区已完成入户调查，严格管控区已进行种植结构调整，建立1.26万亩安全利用集中推进区，2万亩淹水法稻鱼综合种养和6.5万亩耕地修复治理已完成，5万亩种植结构调整正积极推进。

（5）突出城乡一体，改善生态宜居环境

坚持城乡统筹、建管并举、三级联动，持续推进生态、宜居、美丽湘阴建设，为城乡融合发展拓展新空间、改善新面貌。一是全面改善农村人居环境。把改善农村人居环境作为实施乡村振兴战略的"第一仗""先手棋""突破口"，创新实施农村"空心房"整治、规范村民建房、农村垃圾处理、农村污水治理、村容村貌提升、农业面源污染治理、农村生态修复等"七大工程"，打造网格化党建引领、信息化集成服务和规范化公共管理"三大平台"，推进农村环境大治理、生态大修复、建房大集中、面貌大改善、文明大提升、民生大增进。共拆除各类"空心房"22 434栋、348.3万 m^2，已形成指标14 197亩，其中"增减挂钩"指标5 722亩，占补平衡指标8 475亩，治理黑臭水体15处，改造无害化处理卫生厕所6.85万个，村卫生厕所、无害化卫生户厕普及率分别达到93%、38%，新建乡镇垃圾中转站17座，启动建设集镇污水处理厂14个，建成农村集中供水工程 25 处、集中建房点 29 个，自来水入户人口达 40 万人，先后创建省级美丽乡村 7 个，金龙镇获评全省美丽乡村全域推进示范乡镇，全省农村人居环境改善现场会将湘阴作为考察现场，全省农村"空心房"整治现场会在湘阴召开，"厕所革命"接受国务院大督查得到充分肯定。二是全面加强环境基础设施建设。坚持基础设施先行、配套建设优先，积极引导社会资本参与，不断完善环境基础设施建设。先后完成了岳望高速湘阴段、G240、S308 线拓改、柳林江大桥及连接线、进港公路等一批重点交通工程体系，高标准实施了新世纪大道、滨湖路等七条城区主干道提质改造，高品质建成了东湖生态公园等四大城市公园广场，建成了城市生活垃圾无害化处理厂、污水处理厂等一批重点市政工程，城乡供水一体化项目加速推进。近 3 年共投入资金 14.51 亿元大干水利建设，完成水利工程 5 710 多处，疏浚渠道 4 569 km，清淤塘坝 3 277 口，新增农村饮水安全人口 24 万人。三是全面推进生态廊道建设。以增绿扩量、森林提质、生态修复为重点，通过"造、封、补、改、修、管"等综合措施，全面推进生态廊道建设，着力构建"自然、多彩、连通"的生态廊道与"山水林田湖草"一体的健康稳定生态系统。2017 年以来，完成高速公路、国道、省道、主要河道及重要县、乡道路两侧绿化及补植提质 600 km，人工造林 4.3 万亩，封山育林 0.8 万亩，鹅形山省级森林公园森林质量提升 0.15 万亩，完成横岭湖省级自然保护区生态修复 67 253 亩、洋沙湖 – 东湖国家级湿地公园生态修复 560 亩，创建绿色村庄 30 个、特色森林小镇 4 个，森林覆盖率达 20.38%。

（6）突出常态长效，健全生态保护机制

坚持绵绵用力、久久为功，着力建立健全标本兼治的长效工作机制体制，推动生态文明建设见实效、见长效。一是健全责任落实机制。成立县委书记任顾问、县长任组长和相关县级领导任副组长的县生态环境保护委员会、河长制工作委员会和洞庭湖生态环境治理工作领导小组，构建"县、乡、村"三级齐抓共管、联管联控、群防群治的大环保工作格局。出台《湘阴县环境保护工作责任规定》和《湘阴县环保网格化监管实施意见》，建立完善了"属地管理、分级负责""谁决策、谁负责""谁监管、谁负责""谁污染、谁负责"的责任体系。二是健全常态宣传机制。坚持生态文明理念与群众性精神文明创建有机融入，以"六·五"世界环境日等主题活动为契机，全方位、多角度开展生态文明宣教活动，积极营造"保护环境人人有责、环境改善人人受益"的氛围，大力弘扬绿色生态文化，推行绿色生活，倡导绿色出行，全力推动机关文化、企业文化、社区文化、校园文化和家庭文化的生态化，104台新能源公交车投运，投放共享电单车600辆，生态环境信息公开率、党政干部生态文明教育培训参训率均达100%，公众生态文明建设参与度、满意度分别达89.3%、99.3%。三是健全联合执法机制。建立突发环境事件应急管理机制，集中整合生态环境、农业农村、水务、林业、住建、交通、海事、砂石和公安等单位执法资源和执法力量，建立生态环境保护联合执法机制，定期组织开展联合执法行动，重拳打击环境违法行为。近3年，共开展环保联合执法540余次，巡查企业4 200余次，消除环境隐患1 082个，立案查处环境违法行为363起，查封扣押20起、停排整治235起、停产整治11起、限制生产1起、行政拘留61人，刑事拘留107人。特别是在洞庭湖区建立了"水陆空洲"四位一体的综合监管执法体系，确保监管无死角、执法全覆盖，做到了违法行为露头即知、露头即处。四是健全考核问责机制。将生态文明建设工作纳入全县年度综合绩效考核内容，加大考核权重，实行统一排位、末位惩戒、一票否决，考评结果与干部任用挂钩、与单位和个人年度评先评优挂钩，生态文明建设工作占党政实绩考核的比例达到31.5%。制定《关于党政领导干部自然资源资产责任审计的暂行办法》，扎实开展领导干部自然资源离任审计。出台《湘阴县环保责任追究办法》，对在落实环境保护责任过程中不履职、不当履职、违法履职，导致产生严重后果和恶劣影响的依法依规问责追责。2017年以来，共实行环保问责党纪政务处分62人，其中移送司法机关追究刑事责任6人，诫勉谈话9人，通报批评5人。

二、湘阴县生态文明建设的主要启示

（1）生态立县，倾尽全力

湘阴县认真践行新发展理念，落实高质量发展要求，坚决摒弃"先污染、后治理"的老路，加快推动产业结构变"轻"、发展模式变"绿"、经济质量变"优"，用环境治理留住绿水青山，用绿色发展赢得金山银山。近3年来，该县以"洞庭清波"行动为抓手，共投入洞庭湖和湘江水质提升、生态环境保护等资金逾15亿元，占公共财政总支出的9%。2020年1-10月，全县环境空气质量优良率100%，洞庭湖考核断面水质整体达标。

（2）生态经济，兼顾平衡

加快构建产地生态、产品绿色、产业融合、产出高效的现代农业发展模式，致力打造"湘阴农品"公共品牌。全县发展订单式高档优质稻17.2万亩、稻虾和稻蟹综合种养8.57万亩、特色水产养殖4.3万亩、经济作物种植30.8万亩，杨林寨乡获评全国"一村一品"示范乡镇，鹤龙湖镇获评全市农业产业化特色小镇。全县共发展市级以上农业产业化龙头企业47家，创建"农字号"中国驰名商标8个、中国名牌产品1个、省著名商标33个、省名牌产品39个，"三品一标"农产品达107个，获评"中国好粮油行动"示范县、"好粮油"行动计划项目国家级示范县和全省实施乡村振兴战略先进县。

（3）绿色生产，兴工强县

湘阴靠近长沙，江湖交汇之处有美景美食，人力、土地成本相对较低，成为湘江新区的"新成员"。坚持强园兴工、兴工强县战略，瞄准打造"千亿园区、百亿产业、十亿企业"目标，湘阴全力推动三大主导产业和三条新兴优势产业链集聚集群发展。2018 年，湘阴县成功入选全省 3 个全国首批创新型县之一，2019 年，获评国家钢结构装配式住宅试点县、国家知识产权强县工程试点县、全省创新驱动发展先进县、全省落实创新引领战略等政策措施成效明显县。

案例报告八

新宁县生态文明示范创建探索实践

新宁县历史悠久，物产丰富，气候宜人，风景秀丽，素有"五岭皆炎热，宜人独新宁"之誉。地处湖南省西南边陲，总面积 2 812 km²，全县总人口 67 万人，境内有崀山国家级风景名胜区、湖南舜皇山国家级自然保护区、湖南新宁夫夷国家湿地公园等自然保护地。其中，崀山国家级风景名胜区是国家地质公园、国家 5A 级旅游景区，世界自然遗产地。

近年来，新宁县致力于生态文明建设，将生态文明建设全面融入经济社会建设全过程，境内自然生态资源丰富，山灵水秀，崀山是现今全国乃至世界稀有的大面积丹霞地貌景区。先后成功创建了全国重点生态功能区、国家重点生态功能区转移支付县、全国绿化模范县、国家水土保持生态文明县、国家珍贵树种培育示范县、湖南省生态文明建设示范县。2020 年10 月 9 日，被生态环境部授予第四批国家生态文明建设示范市县称号。

一、新宁县生态文明建设的主要做法

（1）建立健全机制，以创建为抓手推进生态文明建设

一是强化组织领导。2020 年，新宁县成功创建了国家生态文明示范县，创建初期成立了生态文明创建工作领导小组，并下设办公室，从农业、林业、住建等 10 余个主要职能部门抽调人员为办公室成员，实行联席会议制度。

为协调推进生态修复各项工作，成立了以县委书记为第一组长、县长为组长、县委副书记为常务副组长，其他相关县级领导为副组长、相关职能部门主要负责人为成员的工作领导小组。领导小组下设办公室，办公室设在县农业农村局。构建党委领导、政府负责、环保统筹、部门协作、全社会参与生态文明创建工作大格局。出台《生态创建工作考核奖惩办法》及《党政领导干部生态环境损害责任追究办法实施细则》等纲领性文件，确定由相关部门组成督查组定期组织开展督查，强力推进生态文明建设领域的各项工作。

二是强化规划引领。认真贯彻落实党中央关于"五位一体"的战略定位，立足新宁县社会经济发展动态和生态环境特征，于2014年聘请湖南师范大学编制了《新宁县生态建设规划（2013—2023）》，并制定了创建工作实施方案。从2015年开始创建生态文明建设示范区。2017年，重新制定了《新宁县创建国家生态文明建设示范县实施方案》《关于调整创建国家生态文明建设示范县领导小组的通知》以及年度创建工作计划等一系列文件。2018年，制定了《新宁县自然保护地大检查工作方案》《新宁县"绿盾2018"自然保护区监督检查专项行动工作方案》等系列推进生态文明建设指导性文件。2019年，完成了《湖南省邵阳市新宁县生态文明建设示范县规划（2019—2025年）》的修编。2020年，制定了《中共新宁县委新宁县人民政府关于生态修复五年行动计划实施意见》，坚持保护优先，生态保护与生态修复并重，自然恢复与人工修复同行，以正确处理人与自然为核心，以解决生态环境领域突出问题为导向，以水体、农田、林地、矿山地质修复为重点，通过实施10大工程，着力解决水土流失严重、河塘水库水利设施维护缺失、农田蓄水能力减弱、农村生活污染严重等环境问题，立足农业农村，优先加快实施一批重大生态修复工程，进一步扩大和优化生态空间，全面提高新宁县山水林田湖系治理水平，确保经济社会可持续发展。

三是强化工作导向。发挥考核指挥棒作用,把生态文明建设各项要求细化为各级领导班子和领导干部政绩考核的内容和标准,明确基础工作和各部门工作职责,采取平时督查和年终检查相结合的方法,对照考核细则和评分标准结合实际情况评定分数并进行奖惩。在全县目标管理考核体系中,2020年,生态文明考核权重提高到21.5%,将生态文明创建工作纳入单位年度绩效文明考核重要内容,实施相关奖罚措施,对完不成工作任务或工作滞后的单位予以黄牌警告,单位主要负责人不得评先评优。对生态乡镇、生态村、绿色学校、绿色企业等系列创建,政府都安排了专项补助资金和工作奖金。坚持凭生态文明实绩选干部,推进生态文明建设理念转化为全县干部的内在行动和价值追求。

四是强化宣传引导。制定生态文明建设知识宣传方案,每年召开全县生态环境保护大会,对生态文明创建作了具体要求。利用微信微博、广播电视、新闻报纸等媒介,全方位、长时间、立体式进行生态文明知识宣传。紧紧把握节假日、重大活动契机,推动生态环境知识进企业、进社区、进校园。学校将生态环保知识纳入课堂,进一步提升中小学校生态环保课程比例,每学期至少有一堂生态文明教育课,坚持在党校中青班、科级班等干部培训教育中开展生态文明教育,2017—2020年,党政领导干部参加生态文明培训的人数比例均达到100%。2020年"3·12植树节",全县120多个副科以上单位同步开展以联村建绿为重点的植树造林行动。3月22日,县水利局牵头开展活动纪念第33届"中国水周"。"6·5世界环境日",县环保局和环保志愿者协会联合开展以"美丽中国,我是行动者"为主题,以环保宣传进学校、进社区、进企业、进机关、进农村"环保五进"为重点的宣传活动,大力宣传生态文明建设。"6·13全国低碳日",县交通运输局牵头开展"节能降耗、保卫蓝天"为主题的"全国低碳日"节能宣传周活动。10月30日,县生态环境局牵头开展了"绿色卫士下三乡"活动,传承文明，宣传环保，倡导绿色生活。通过在全县深入开展生态文明教育进机关、进企业、进社区等活动，大力倡导节能、节水、垃圾分类处理，推广节材和可再生产品。通过多种形式宣传，让生态文明创建工作家喻户晓，成为全民共识，真正把生态文明创建由部门行为变为政府行为，由政府行为变为公众行为，进而形成了全民参与、齐抓共管的浓厚氛围。据抽样统计，公众对生态文明创建参与度达到 87.66%。

（2）加快转型升级，生态效益初步显现

一是生态农业稳步推进。完成粮食种植面积 85.17 万亩，预计总产34.123 8 万吨，比去年总产增加 2.85 万吨，增幅为 10.4%。新扩脐橙 4 万亩，脐橙面积达 50 万亩、产量 70 万吨、产值 50 亿元。新种药材面积 2.42 万亩，总面积稳定在 14 万亩以上，年产干货 10 000 吨，产值达 3 亿元。新增茶叶 300 亩，茶叶种植达到 9 600 亩，预计年产毛茶 100 吨、产值 7000万元以上；梨、李、桃、葡萄等小水果预计种植面积 1.43 万亩，总产 1.82万吨；播种西瓜 3 万亩，产量 4.5 万吨；花卉商业种植 0.2 万亩。

完成 13 222.6 亩受污染耕地入户调查、修复治理和安全利用工作，建成脐橙万亩标准化生产示范园 12 个、老园提质改造示范园 10 个，建立万亩高标准绿色农业示范基地 21 个、农业科技实验示范基地 5 个、双季稻示范片 15 个，农业标准化种植比例达 65.2%，测土配方、高标准农田建设、有机肥替代化肥、农机推广利用等有效提升农业质量。崀山果业智慧果园等全省农村一二三产业融合发展示范县项目落地实施，龙丰果业等 21 家省、市级产业化龙头企业效益提升，"一村一品"建成 114 个，农产品加工企业、休闲农业规模企业新增 13 家，休闲农业经营主体发展到 553 家，脐橙产业扶贫经验编入《湖南产业扶贫 100 例》。崀山脐橙入选中国果业柑橘区域公用品牌 10 强、全省农产品区域公用品牌；黄龙脐橙小镇成为全省首批农业特色小镇，崀山脐橙产业集聚区是邵阳唯一的全省现代农业特色产业集聚区创建单位，绿源果业、惠丰果业成为现代农业特色产业园省级示范园；博落回申报国家地理标志产品通过省级评审；新宁成功创建全市首个、全省第二个国家农业绿色发展先行区。

二是新型工业提质增效。绿缘果业、德尚制衣项目建成投产，利平门窗、湘成科技开工建设，烨翔电子完成土地招拍工作，引进国电电力、裘革集团、岜韵电子、中正科技、德尚制衣等一批龙头企业，完成税收 6 000 万元。工业效益提升，制造强县、"四百工程"稳步推进，企业帮扶扎实有效，园区规模工业企业净增 29 家，总量达 80 家，园区规模工业增加值占全县的比重达 76%。科技创新进步，全社会研发经费投入占 GDP 比重 1.24%；地方财政科技投入同比增长 10%；专利申请 32 件、授权 24 件；高新技术企业扩容到 25 家，高新技术企业增加值占 GDP 比重达 8.77%，高质量发展趋势向好。园区功能优化，水、电、路配套成网，永安园区污水处理站达标运行，"135"工程升级版有序推进，湘商产业园污水处理厂完成前期工作，承接产业转移的支撑能力不断增强。

三是文化旅游方兴未艾。"特色县"建设圆满收官，国家全域旅游示范区创建落户新宁，"双创"工作喜获丰收，成功创建全国旅游标准化示范县，崀山成功摘取国家 5A 级旅游景区金字招牌，获得"湖南十大文旅地标""全国厕所革命最佳景区""中国华侨国际文旅地标""划界外交官旅游休闲基地"等殊荣，满师傅生态文化产业园、宛旦平烈士故居、刘氏宗祠、风神洞—天坑景区晋升 3A 景区。崀山镇列入湖南省十大文旅特色小镇，"崀山"被认定为中国驰名商标。夫夷江景区详规完成省级评审，南大门综合服务体开工建设；"创梦·崀山"数字文旅小镇正式签约，华侨城进驻托管崀山景区，与携程、驴妈妈、美团合作网络售票，崀山品牌营销力度持续加大。《新宁县全域旅游发展总体规划（2017—2030 年）》通过专家评审，《舜皇山国家级自然保护区（实验区）生态旅游项目策划》编制完成，3 家特色民宿、18 个家庭旅馆及全域旅游标识标牌等项目成功纳入大湘西旅游精品线路建设，旅游厕所累计新（改）建62座，宛旦平、玉女岩、鲤溪漂流3条通景区公路投入使用。崀山持续"刷屏"网络，成为新晋"网红"。2020年，全县接待游客862万人次，旅游收入80亿元，旅游收入稳步增长。

（3）保护自然环境，资源优势有效放大

一是不断优化生态空间布局。近年来，新宁县深入贯彻落实"绿水青山就是金山银山"的重要思想，着力打造生产生活生态、宜居宜业宜游的美丽新宁，划定了生态保护红线区域、永久基本农田并严格遵守，加强生态保护红线区域、自然保护区、风景名胜区、饮用水源保护区、天然林、生态公益林等受保护地区的保护。2018年，根据湖南省生态保护红线划定有关规定，划定生态保护红线并上报省、市，经省人民政府认定，新宁县属越城岭生物多样性维护生态保护红线范围内，占全县国土总面积的比例为33.68%，居全省前列。坚持做好自然保护地的监督管理与保护工作，2017年以来，自然保护地面积不减少，性质不改变，主导功能不降低。

二是全面实施"河长制"。2017年以来，新宁县贯彻落实《中共中央办公厅、国务院办公厅关于全面推行河长制的意见》，实行党政主要领导负责制，依法依规落实地方主体责任，协调整合各方力量，加强水资源保护、水域岸线管理、水污染防治、水环境治理、水生态修复、执法监督等工作。出台《新宁县河长制实施方案》《〈新宁县河长会议制度〉等六项工作制度》等文件，成立"河长制"工作领导小组，下设"河长制"办公室，实现县、乡、村三级河道"河长制"全覆盖，县河长制办公室负责拟定全面推行"河长制"实施细则和考核办法、组织实施考核工作、监督各项任务落实、定期公布考核结果等工作，该工作纳入对各乡镇、县直相关部门年度文明绩效考核内容。县、乡（镇）、村三级河道管理范围内实现污水无直排、水域无障碍、堤岸无损毁、河底无淤泥、绿化无破坏、河面无垃圾、沿河无违章"七无"目标。深入推进环境监管执法体制机制改革,网格化监管工作全面落地,基层环境监管触角得到进一步延伸。2020年县财政安排河长制工作专项经费400万元,河道保洁专项资金274万元,用于河长制各项工作开展。在田心坝、老虎坝建立2处拦污栅,对夫夷江主要支流入河口设置9处拦污栅。组织挖掘机、运输车等机械设备经过10多天连续工作,对夫夷水白沙大桥段,河岸渣土、河道内尾堆进行彻底清理。共清理河道滩地近5 000 m²,砂砾石2万多 m³。打造智能化实时监控平台,在原投入资金175万元的基础上继续投入50万元,对夫夷江全部大坝、桥梁及县内5条主要支流重点部位安装78个摄像头,实现了对夫夷江和主要支流的监控全覆盖。同时,利用无人机、执法船开展常态巡河,实现水、陆、空立体化河道监控全覆盖,智慧河湖管理系统、"一河一警长"具有新宁特色的治水举措,受到省市领导的充分肯定。2019年,在全县16个乡镇建成16条样板河,其中罗间河、新寨河五里圳段成功入选湖南省"美丽河湖",连续两年获省里表彰奖励。2020年,新增投入165万元,打造完成6条样板河。对新寨河水庙段河道栽种了3 634株树苗,对夫夷江回龙段河道栽种了3 094株树苗。

三是实施以绿化为重点的生态修复。2020年,新造林2.3万亩,义务植树150万株,完成21个秀美村庄建设,新增生态护林员72名,封山育林共计6.7万亩。活立木总蓄积量1 027.1万 m³,增长4.0%。林草覆盖率69.93%。自然保护地面积303.424 km²,生态环境质量监测考核结果保持"基本稳定",生态环境状况指数连续多年保持优秀。城乡建绿行动全面铺开,森林资源管理通过国检,申报湖南省森林城市。近年来被纳入全国重点生态功能区、国家重点生态功能区转移支付县、全国绿化模范县、国家水土保持生态文明县、国家珍贵树种培育示范县、全国保护森林和野生动植物资源先进单位等。

（4）实施城乡同治，人居环境持续改善

一是加快城市生态环境建设。以"创卫"为抓手，全面整治城区环境卫生秩序，城区出店经营、占道经营得到有效遏制，禁炮工作成效明显，扬尘治理全面推行"六个100%"。春风路农贸市场投入运行，大兴路市场建设即将完工，水头市场完成征地和规划设计；金龟路、松园路、人民北路等支线道路完成提质改造，温泉路、枫叶路、建设北路B段等相继建成，园艺南路建成试通车，广场中路新建、双拥路提质改造按时推进，智能停车场建设开工7处，崀山大道入选邵阳市"十大最美街道"。城区主次干道实现全天常态化清扫保洁，占道经营、违规燃放烟花爆竹等不文明行为明显减少。建成县垃圾无害化填埋场，县城污水处理厂二期完成提质改造，永安园区、回龙寺污水处理厂建成并投入运营，崀山等6个乡镇污水处理设施完成前期工作。建设了天然气站和完善的供气管网，县城防洪堤全力推进，排水排污等城市配套功能加快完善，人均公共绿地面积达7 m^2，城市绿化率36.4%。在设施建设与运营中推广绿色理念和绿色技术，推动基础设施建设的绿色化，城镇新建绿色建筑比例达52.88%。推进绿道建设。加快畅通绿色产品流通渠道，鼓励建立绿色批发市场、节能超市等绿色流通主体。大力推行政府绿色采购，以各种方式大力宣传和学习政府绿色采购政策，政府绿色采购比例达100%。

二是实施农村环境综合整治。农村环境综合整治纵深推进，299个行政村"村规民约"基本建立，农村环境卫生状况持续改善。湘塘村被授予省新农村建设示范村，石湾村和联合村列为全省美丽乡村建设示范村，农村环境卫生综合整治考核获全市第一。着力推进农作物秸秆禁焚和综合利用，出台《关于全面禁止露天焚烧农作物秸秆的通告》《新宁县农作物秸秆禁焚和综合利用实施方案》，将农作物秸秆禁烧工作纳入文明绩效考核和全面小康考核范畴，农作物秸秆综合利用率逐年提升。2020年，调整畜禽养殖"三区"划定规划，划定禁养区 326.03 km²，畜禽粪污综合利用率为 93.1%。农膜回收利用为 80.26%、农村生活垃圾集中收集储运全面开展、城镇生活垃圾无害化处理率达到 83.99%。

三是强化"三废"综合治理。蓝天保卫战、碧水行动、净土行动扎实开展，生态环境质量总体改善。实施积极的环境管理政策，通过严格执法、强力治污等手段，维护人民群众的环境权益和社会稳定。一是深入开展水污染治理。加强饮用水源地保护。强力整治县城北大门饮用水水源地保护区，开展回龙寺镇老虎坝水厂、水庙镇石门水厂和万塘乡罗洪水厂等 3 个乡镇"千吨万人"饮用水水源地划分工作。加强污水处理基础设施建设。县城污水处理厂二期完成提质改造，河东水头片排污干管过河工程全面竣工，基本实现了县城建成区内生活污水收集全覆盖、处理全集中，并在出水口安装 COD 和氨氮在线监测设备，实现省、市联网实时监控，确保污水处理达标。永安园区污水处理厂通过整改，开始规范运行。回龙寺污水处理厂建成并投入试运行，是全市目前唯一一家投入运行的乡镇污水处理厂。夫夷江沿线所有乡镇污水处理设施完成可研等前期工作，崀山镇污水处理站已开工建设。新建乡镇卫生院及县属医院医疗废水处置系统 20 家。二是持续深化大气污染防治。制定《新宁县城规划区建筑施工现场扬尘污染整治工作方案》《新宁县预拌混凝土管理规定》和《新宁县建筑施工现场文明施工、扬尘治理标准》。全面打响蓝天保卫战，加快推进清洁能源替代利用，积极推进天然气管网、储气库的建设，全面淘汰和禁止新建 10 蒸吨以下燃煤锅炉，督促 5 家企业完成清洁能源改造；2020 年，拆除粘土砖厂 40 家，完成 88 家重点餐饮业油烟整治，完成高污染燃料禁燃区范围调整，严格控制城区烟花爆竹燃放。抓好柴油货车和非道路移动机械污染治理，按照省市要求，完成了废旧柴油车淘汰，大气污染源调查清单编制，消耗臭氧层物质调查及非道路移动机械摸底调查和编码登记工作。狠抓重点行业污染治理，重点推进砖瓦、碎石行业，排放挥发性有机物企业的深度治理，全县14家砖厂全部安装脱硫设施和在线监控设施；全县13家碎石全部按要求完成整改，实行全封闭作业，保证除尘喷淋系统正常运行。加油站全部安装油气回收设施。深入开展扬尘污染治理，加强城区道路清扫保洁，对建筑工地实施扬尘防治"6个100%"，查办违法案件18起，处罚金额31 700元。调整"蓝天保卫战"指挥部成员，开展了餐饮油烟专项整治和中元节大气污染防治专项行动。加强开展固定源排污许可证核发工作，对有违规的企业提高检查频次，加大执法力度，提高企业污染物达标排放率。三是扎实推进清废净土行动。开展危险废物专项治理排查和农用地土壤污染风险管控。对26家医疗废物、危险废物、污泥处置企业开展排查，进行了网上申报；对25家企业污染地块进行了调查核实，开展了农用地土壤污染状况详查，推动污染耕地安全利用。加强涉重金属行业污染防控。对涉重金属企业和尾矿库进行排查整治，对已完工的一渡水洄水湾、回龙镇龙口、清江桥五里山三个片区锑污染风险管控项目推进验收和绩效评估工作。完成了金子岭钾长石矿、杨家田钾长石矿、磊鑫花岗岩矿、宏盛花岗岩矿的矿山生态修复工作。完成了6个自行关闭废止矿山的修复工作。完成了高桥镇和安山乡的非法开采煤矸石和锰矿造成裸露山体的生态修复。开展小水电清理整改，完成113个电站生态流量下泄和在线监控安装。

2020年，新宁县财政支出总预算38.75亿元，获生态转移支付资金6 142万元，同期县财政投入生态环境保护与建设资金共4.23亿元，其中，投入环境污染治理资金1.06亿元，用于生态保护与修复资金3.17亿元，占县域财政支出总预算的11%。

通过综合整治，全县大气、水环境质量、饮用水源地水质呈稳中趋好的态势。新宁县境内主要水系水质全部达到Ⅲ类水标准以上，窑市国控考核断面、金家坝、宛家岔省控断面、县级城市集中式饮用水水源地水质达标率均为 100%，城镇污水处理率为 96.29%，县城污水处理厂、回龙寺镇、崀山镇、永安工业园等一批污水处理厂投入运行，村镇饮用水卫生合格率达 100%。空气优良以上天数 347 天，环境空气质量 AQI 优良天数比例达到 94.8%，PM2.5、PM10 平均浓度分别 33μg/m³ 和 47μg/m³。噪声污染得到有效控制，全县区域环境和交通噪声呈下降趋势。全面完成第二次全国污染普查工作，农村环境整治整县推进项目、3 个片区锑等重金属污染风险管控项目完成验收，中中央、省环保督察"回头看"问题全部整改销号，一般工业固体废物综合利用率和危险废物安全处置率达 100%。减排目标全面完成，COD、氨氮、二氧化硫、氮氧化物等四种主要污染物排放总量持续下降。生态环境信息公开率达到 100%，抽样数据显示，公众对生态文明建设的满意度达 91.01%。

二、新宁县生态文明建设的主要启示

（1）生态修复扮靓新宁

新宁县开展多元共治守护绿水青山，开展"碧水、蓝天、净地"三大行动，出台《关于生态修复工程助力生态文明创建五年行动计划的实施意见》，投入 14.5 亿元，通过实施林地修复、石漠化治理等 10 大工程，实现了重点区域生态环境明显改善；加快推进"四水治理"夫夷江项目；启动石漠化治理工程；抓好绿色矿山建设，启动矿山生态修复工程；全面推进"河长制"，河长制工作经验在全市进行推介；加大林业建设力度，全县林草覆盖率达到 69.63%，居全省前列，生态环境状况指数连续多年保持优秀。

（2）生态产业引领绿色发展

从乡村到城市，一大批绿色环保型产业项目茁壮成长，发展前景越发广阔。测土配方、高标准农田建设、有机肥替代化肥、农机推广利用等有效提升了农业质量，粮食、中药、脐橙等产业稳步推进。在"百里脐橙连崀山"发展理念的指导下，新宁做起了脐橙和崀山旅游融合发展文章。实施"百里脐橙连崀山"计划，种植面积46万亩，"崀山脐橙"入选中国果业柑橘区域公用品牌10强，品牌效益不断彰显。旅游产业成为新宁经济的支柱产业，崀山继成为世界自然遗产地后，先后荣获"国家5A级旅游景区""国家级风景名胜区""国家地质公园"等诸多殊荣。以创建"国家全域旅游示范区"为目标，持续深入实施"旅游立县"战略，形成了"一体两翼、全域发展"大旅游格局。同时，大力推进工业经济转型发展，按照"产业生态化、生态产业化"思路，坚决关停污染项目，大力实施生态建设项目，黄金风能发电、金鑫电子等一大批新型工业项目相继落户新宁。"四百工程"稳步推进，高新技术企业增加值占比逐年增加，高新技术企业扩容到25家，高质量发展趋势向好。

（3）城乡同治建设绿色家园

敢于"壮士断腕"，才能生态涅槃。打好污染防治攻坚战，扎实开展蓝天保卫战、碧水行动、净土行动，全面整治非法排污、超标排污的畜禽养殖场、砖厂、碎石场、涉矿企业；提高项目准入门槛，限制或禁止高污染、高能耗、消耗资源性项目准入。全面开展土壤污染地块详查工作，对3个涉锑片区进行治理；推进城乡环境整治，建成了县垃圾无害化填埋场和县城、工业园区、回龙寺及崀山等污水处理厂。纵深推进农村环境综合整治，建立分级负责、全面覆盖和"户分类、村收集、乡（镇）转运、县处理"为主的运作模式，启动实施农村生活垃圾分类减量工作。

案例报告九
通道侗族自治县生态文明示范创建探索实践

通道侗族自治县位于湖南省西南边陲，怀化市最南端，湘、桂、黔三省（区）交界处，素有"南楚极地""百越襟喉"之称。全县辖9镇2乡、152个行政村、10个社区，总面积2 239 km²，总人口24.17万人，有侗、汉、苗、瑶等24个民族，少数民族人口占88.1%，其中侗族人口占77.9%。是湖南省成立最早的少数民族自治县，也是革命老区县、国家扶贫开发工作重点县、全国绿化模范县、全国重点生态功能区、全国最佳休闲旅游县、全国休闲农业与乡村旅游示范县、中国天然氧吧、国家卫生县城、湖南省特色县域经济（文化旅游）重点县、湖南省首批全域旅游示范区。

近年来，通道县委、县政府认真贯彻落实习近平生态文明思想和中央、省、市关于生态文明建设的决策部署，牢固树立"绿水青山就是金山银山"的理念，紧紧依托良好的资源禀赋，积极探索生态优先、绿色发展的新路子，走出了一条用美丽战胜贫困的脱贫之路，2019年，实现了整县脱帽，同时成功创建省级生态文明建设示范县和省级文明县城。2020年10月，通道侗族自治县获批第四批"国家生态文明建设示范县"。

一、通道侗族自治县生态文明建设的主要做法

（1）坚持生态优先，高位推动生态文明建设

一是加强组织领导。县委、县政府把创建生态文明建设示范县作为贯彻落实习近平生态文明思想的政治检验，作为践行"两山"理论的生动实践，作为一项重要政治任务摆上议事日程，成立了以市委常委、原县委书记印宇鹰为顾问，原县长杨秀芳为组长的生态文明建设示范县创建工作领导小组，明确了各乡镇、县直有关部门的工作职责，构建了党委领导、政府负责、生环统筹、部门协作、全社会参与的创建工作大格局。2017年以来，先后召开11次县委常委会、9次县政府常务会和一系列书记办公会、县长办公会、专题调度会，第一时间传达学习习近平总书记重要讲话和中央、省、市关于生态文明建设重大决策部署，及时研究贯彻落实意见和解决创建工作中遇到的具体问题。

二是强化规划引领。历届县委、县政府始终坚持"生态立县、旅游兴县、产业强县"发展战略，一张蓝图绘到底。2011年，通道县创建为国家级生态示范区，2014年，县委、县政府启动国家生态文明建设示范县创建工作，完成《湖南省怀化市通道侗族自治县生态文明建设示范县规划（2019—2025年）》编制并发布实施，出台《通道侗族自治县生态文明建设示范县创建工作实施方案》《通道侗族自治县污染防治三年行动计划》等系列推进生态文明建设指导性文件。围绕乡村振兴，结合"美丽乡村"建设，优化乡村建设规划，人居环境得到极大改善，幸福指数进一步提升。

三是严格考核问效。出台《通道侗族自治县环境保护工作责任规定（试行）》等文件，逐年提高生态文明建设在绩效考核中的占比权重，充分发挥县生态环境保护委员会的日常监管职能，及时向县委、县政府报告涉环部门履职情况，加大对乡镇及相关部门自然资源资产的审计力度，严格

落实对突出环境问题和环保问题整改不力的单位和责任人追责问责。2017年以来，先后提醒谈话4人、诫勉谈话9人、警示教育10人、警告4人、严重警告、撤职2人。

（2）坚决打好打赢污染防治攻坚战，夯实创建工作基础

一是推进综合"治水"。2017年以来，先后建成国家水质自动监测站、县溪镇污水处理厂，完成县城污水处理厂提质改造，实施双江河治理等工程。大力实施厕所革命，截至2019年底，全县卫生厕所户数达到50 630户，普及率超过上级考核平均水平。全面落实县、乡、村三级河长257名、上型水库库长43名，2017年以来，拆除7处涉水违章建筑，查处河道非法采砂16起。划分畜禽养殖"三区"，完成禁养区畜禽养殖退养7家，取缔晒口库区和通道河网箱养鱼299处，充分保障农村人居饮水安全，达标率100%。全县无一处黑臭水体，"一水五河"、国控断面、集中式饮用水水源地水质均达到国标，地表水水质达标率100%。

二是重拳开展"治气"。建成城区空气自动监测站，以城区扬尘治理为重点，对建筑工地实行围栏作业，对裸露土地实行防护网覆盖，对渣土车实行封闭运输，对城市规划区实行禁燃禁放。全面取缔黄标车，严查运输车辆超限超载，全面推动公交车新能源化和城乡公交一体化工作。2019年，全年城区空气质量优良天数358天，优良率98.1%。环境空气质量综合指数为2.52，排名全市第1名，全省90个县级城市中排名第3。

三是实施铁腕"治土"。以恢复、修复土壤环境为重点，扎实开展第二次全国污染源普查工作。实施农村土地综合治理1.2万亩，积极开展历史遗留尾矿治理工作，重大环境隐患均已得到有效整治，逐一验收、销号。建成4个乡镇集镇垃圾中转站，县溪镇生活垃圾无害化处理场运行使用，可覆盖周边3个乡镇，牙屯堡生活垃圾无害化处理场开工建设，县城周边乡镇生活垃圾统一收集清运至县城垃圾填埋场，实现城镇生活垃圾无害化处理率 100%，对农村生活垃圾进行处理的行政村比例 100%。

四是开展专项整治。开展县城饮用水水源地环境保护专项整治行动，采取拆除违章建筑、关停违规餐饮店、实行土地退耕和畜禽退养、集中收集清运生活垃圾等措施截断污染源，实施生活面源污染无害化处理、农户改厕等工程。2018 年 7 月 12 日，通过省环保厅现场验收；开展污染防治攻坚战"夏季攻势"，重点开展畜禽养殖环境污染、医疗废物废水规范处理、建筑材料行业、垃圾填埋等 8 个方面问题的专项整治行动。各行业主管部门切实履职，"夏季攻势"成效显著；开展自然保护地专项整治行动，坚决停止自然保护地内违规经营活动和项目建设。积极做好群众稳控工作，根据新出台的政策，对自然保护地优化整合，在绿色发展的思路上寻找新的发展契机；开展采石场专项整治。坚决关停证照不齐、逾期开采等采石采矿企业，不断加强合法开采现场管理，全面规划布局县域开采布点，明确县域内开采许可证办理必须经县政府常务会议审定通过后方可依法办理，重大矿场拍卖等必须通过县政府常务会审定，进一步规范了部门审批行为。

（3）持续加强生态环境建设，全面筑牢生态安全屏障

一是强化生态保护。划定生态保护红线 80.55 万亩、国家级生态公益林 72.2 万亩、天然商品林 66 万亩、省级天然林 62 万亩，全县森林蓄积量达到 1 029 万 m^3、森林覆盖率达 77.12%，划定永久基本农田保护面积 22.2 万亩。根据国家林草局文件精神，重新规划设立万佛山国家地质公园等自然保护地 5 处，已按程序上报至省林业局。

二是加强生态监管。启动森林资源监管信息平台建设，推行县乡村三级执法联动机制，2017 年以来，查处非法占用林地案件 28 起、林业行政案件 170 起。完成《通道侗族自治县第三轮（2016—2020 年）矿产资源总体规划》编制，对自然保护区、饮用水水源地等区域不得新设采矿权，对环保设施未达标采矿企业一律关停。

三是推进生态创建。坚决守住 26.8 万亩耕地红线。推进农村人居环境整治三年行动，授牌 29 个美丽乡村、14 个秀美村庄、30 个卫生村。成功创建国家文明村镇 1 个，省级文明村镇 1 个，省级"美丽乡村"示范村 4 个。2019 年，新建农村无害化卫生公厕 53 座，改造农户无害化卫生厕所 2 089 户。建成县、乡、村三级文明实践站所 174 个，皇都村获批全国乡村治理示范村。

（4）持续优化产业结构，扎实推进生态文明建设

一是发展特色农业。成功创建 6 个"现代农业特色产业园省级示范园"，其中蔬菜园 3 个、中药材园 2 个（铁皮石斛和黑老虎各 1 个，"通道黑老虎"获国家农产品地理标志认证）、肉兔养殖园 1 个。实施特色产业"五个一"工程（一茶一药一果一菜一菌）。建成 11 个土地流转服务中心，有序流转农用地 15.2 万亩。新建基地 47 个，发展特色中药材 4.3 万亩、优质稻 9.86 万亩、绿色蔬菜 9 800 亩，打造"油菜花示范带"6 600 亩。建成全市第一家"怀青农场"，家庭农场已发展到 91 家，其中省级示范性家庭农场 2 家，县级示范性家庭农场 28 家。2019 年，新发展农民专业合作社 50 家，已发展到 708 家，新认证无公害农产品 2 个，注册公共品牌 2 个。

二是发展文化旅游。依托丰富的生态资源、独特的侗族风情和厚重的红色文化，围绕"农业为旅游兴、工业为旅游活、商贸为旅游旺、服务为旅游强"的思路，将文化旅游产业作为县域支柱产业来打造，创建皇都侗文化村、通道转兵纪念地等 4 个 4A 景区，横岭侗寨等 4 个 3A 景区，成为"生态、民俗、红色"三位一体的旅游胜地。2019 年，全年接待游客 470 万人次，实现旅游收入 28.2 亿元。皇都村入选湖南省首批乡村旅游重点村，坪坦乡入列湖南省首批十大文化旅游特色小镇。

三是发展新型工业。坚持产业生态化，对不符合绿色发展的产业项目坚决不上。目前，正在积极培育以北大未名生物制药为龙头的生态工业体系，以中药材种植加工为基础的生态康养项目，以临口、传素风电场为骨干的新型能源汇集中心和输出基地，风电装机总规模超过40万千瓦。

二、通道侗族自治县生态文明建设的主要启示

（1）发展壮大生态经济

稳步发展生态农业。实施生态产业"五个一"工程（一茶一药一果一菜一菌），成功创建6个"现代农业特色产业园省级示范园"，全县生态农业种养基地达到27万亩。家庭农场已发展到91家，其中省级示范性家庭农场2家。农民专业合作社发展到708家，新认证无公害农产品2个，注册公共品牌2个。

全力发展生态文化旅游。2020年5月至10月，全县共接待游客311.34万人次，实现旅游收入24.03亿元。皇都村入选湖南省首批乡村旅游重点村、全国第二批乡村旅游重点村，坪坦乡入列湖南省首批十大文化旅游特色小镇。

全面加快发展新型工业。园区注册符合绿色发展企业24家。积极培育以北大未名生物制药为龙头的生态工业体系，全部建成投产后年产值超过30亿元。全县风电总装机容量达40万千瓦，预计全年发电量达到6亿度，湘、桂、黔三省边区新型能源汇集中心和输出基地初具规模。

通过发展生态经济，带动全县2 000余户贫困户1万余人参与生态关联产业，贫困户人均增收3 000元以上。2020年3月，经省政府批复同意，该县脱贫摘帽，被评为2019年脱贫攻坚先进县，生态产业发展助力脱贫攻坚，让越来越多的群众享受到了绿色发展带来的福利。

（2）铁腕整治生态环境

坚决打好污染防治攻坚战，全面开展"碧水、蓝天、净土"保卫战。

目前，通道境内"一水五河"、地表水、集中式饮用水水源地水质均达到地表水 II 类标准，达标率为 100%。城区和乡村的大气环境质量总体稳定，达到国家二级空气环境质量标准，今年截至 9 月份，环境空气质量优良天数达到 274 天，优良率 100%，同比上升 1.5 个百分点。环境空气质量综合指数为 2.03，排名湖南省第 2 名、怀化市第 1 名。土壤环境质量安全可控，无土壤污染事件发生。

（3）全面筑牢生态屏障

启动森林资源监管信息平台建设，推行县、乡、村三级执法联动机制，全县森林蓄积量达到 1 069 万 m^3，森林覆盖率达 77.22%。

案例报告十

宁乡市生态文明示范创建探索实践

宁乡市位于湖南省东北部、长沙市西部，地处长株潭城市群和环洞庭湖生态经济圈的结合部，是长株潭"两型"社会综合配套改革试验区重要组团。总面积 2 906 km²，总人口 145 万，辖 29 个乡镇（街道）、278 个村（社区），拥有一个国家级经济技术经开区和一个省级高新技术开发区，是省会长沙的近郊县和国家级湘江新区的重要组团。境内山清水秀空气好，拥有香山国家森林公园、金洲湖国家湿地公园等国家级旅游品牌，是湖南省重点生态旅游区之一。

自 2012 年开始，宁乡就在全域范围内大力推进生态文明建设，特别是近年来，宁乡市委、市政府深入贯彻习近平生态文明思想，积极践行绿水青山就是金山银山的发展理念，坚持把生态立市战略纳入全市经济社会发展总体布局，发挥区位、生态、产业优势，强力推进生态旅游、生态农业、生态工业为主的重点生态工程建设，努力构建宁乡市城乡一体化生态环境建设体系，走出了一条经济发展的"高素质"与绿水青山的"高颜值"相得益彰的"宁乡路径"。2019 年 11 月，宁乡荣获湖南省首批生态文明建设示范市；2020 年 10 月，宁乡市获批第四批"国家生态文明建设示范市"。

一、宁乡市生态文明建设的主要做法

（1）强化顶层设计，着力健全生态制度

一是在生态规划上做到对标对表。根据生态环境部修订的《国家生态文明建设示范市县管理规程》和《国家生态文明建设示范市县建设指标》，我市先后制定《宁乡市生态文明建设规划（2018—2022年）》《宁乡县环境保护中长期规划（2016—2030年）》，形成了较为完备的生态文明建设规划体系。特别是党的十九大以来，为坚决打赢污染防治攻坚战，又先后制定《宁乡市"强力推进环境大治理坚决打赢蓝天保卫战"三年行动计划（2018—2020年）》《宁乡市"除臭剿劣"攻坚战三年行动计划（2018—2020年）》《宁乡市2019年大气、水、土壤和噪声污染防治工作方案》《关于印发宁乡市生态文明建设实施方案（2018—2022年）》《宁乡市国家生态文明建设示范市创建工作方案的通知》等系列文件，切实做到生态文明建设高位谋划、有章可循、推进有序。

二是在工作主体上做到责任明确。2017年，宁乡市出台《关于进一步明确生态文明建设工作责任的通知》《宁乡市环境保护工作责任规定》等系列文件，进一步明确了各级党委政府的环保职责，部门行业的监管责任、园区乡镇街道的属地责任和企事业单位的主体责任。特别是严格落实环境保护"党政同责"和"一岗双责"责任制，建立党政领导生态环保工作责任清单、党政领导干部损害生态环境行为责任追究制度、领导干部自然资源资产离任审计制度、环境保护"一票否决"制度，将生态文明建设纳入年度绩效考核，逐年提升党政实绩考核比例，进一步提高了党政主要领导生态保护的责任意识。

三是在推进机制上做到齐抓共管。成立生态环境保护委员会，坚持一季一调度、一季一讲评，及时研究解决环保领域重点工作。健全全市河湖水系及管理体制，建立以市委书记为第一总河长、市长为总河长，按河湖

级别和河湖所在地相结合的县、乡、村三级河长管理体系。相继成立蓝天保卫战工作领导小组、"除臭剿劣"攻坚指挥部、整治非法采砂洗砂工作领导小组、人居环境整治工作领导小组、矿山整治工作领导小组等议事机构及工作专班，专门负责相关领域生态文明建设，形成了齐抓共管、高效联动的良好工作格局。

四是在建设形态上做到公开透明。坚持以法治思维和法治方式抓环境保护，以《环境保护法》为根本遵循，积极开展环境资源承载能力分析，严格执行"环评"和"三同时"制度，从源头上控制污染源产生，限定区域排污总量。坚持以公开为常态、不公开为例外的原则，坚决落实生态环境信息公开制度，2017年以来，累积发布项目审批、验收公示、排污许可、重点排污企业信息公开等各类信息4 118条。

（2）强化问题整治，着力巩固生态安全

一是对环保督察交办问题一抓到底。成立由市委书记任组长、市长任副组长的环境保护督察工作领导小组，建立"党委政府交办、分管领导领办、部门乡镇承办、两办督办、纪检监督问责促办"的生态环境问题交办机制，2017年以来，完成各级环保督察交办问题225个，其中粘土砖整治工作成效被中央电视台综合报道（整治企业120家，转型升级11家，取缔关闭109家，拆除烟囱117个）；行业整治工作得到生态环境部华南督察局通报表扬并推广（累计关闭小纸厂72家，取缔"两塑"行业55家，取缔挖砂洗砂场77家，取缔小瓦窑58家，整治耐火材料企业34家，退出投肥养鱼2.8万亩）。落实"三级执法、两级巡查"，坚持源头严控、过程严管、后果严惩的"三严"监管机制，2019年，开展巡查800多次，发现并解决问题300多个，共立案查处6 870例，罚款4 000多万元，行政拘留47人，刑事拘留16人，始终保持了严管重罚、铁腕治污的高压态势。

二是对重点环保领域问题全力攻坚。坚持源头治理、系统治理，管理性措施和工程性措施并举，持续打好蓝天、碧水、净土、静音保卫战。大气治理方面，以"六控十禁"为抓手，统筹推进汽车尾气、渣土扬尘、油烟气体、燃气、工业废气"五气共治"，近三年累计覆绿控尘2 860块32 768亩，天宁热电、南方水泥等重点涉气企业实现超低排放，三一重工等101家重点企业完成VOC治理，101家规模餐饮店、478家中小型餐饮店及夜宵门店安装油烟净化设施，收缴、销毁各式煤炉730多个，禁燃区86台燃煤锅炉实现"煤改气"，107家加油站油气回收系统全部安装到位，全市空气质量持续改善。水治理方面，统筹推进防洪水、治污水、排涝水、保供水、抓节水"五水共治"。开展"劣V类排口清零、城区化粪池清零、黑臭水体清零"三项整治行动，整治城区入沩排口108个，清掏城区化粪池4 000多座，清淤排污管网200 km。突出抓好沩水流域综合治理，2019年，沩水出境断面和主要监测断面水质稳定达到或优于Ⅲ类标准。持续完善污水处理设施，建成城市生活污水主管网128 km，城市污水处理厂5座、乡镇污水厂30座，城区生活污水总处理能力达15万吨/天，园区工业污水处理总能力达7.7万吨/天；城区黑臭水体消除比例实现100%。土壤治理方面，积极开展耕地修复和土壤生态治理，累计完成4处污染地块治理修复工作。噪声治理方面，完成声环境功能区划分。

三是对生态系统安全问题综合治理。全面加强"山水林田湖草"整体保护、系统修复和综合治理，全市生态环境状况指数为74.2。全面维护生态系统安全。持续开展"三年造绿大行动"，完成宜林地造林81 139亩、"三边"造林、"四旁"植树66 052亩，绿化沩水河及主要支流500余km，全市森林覆盖率达42.33%。强化生物多样性保护，全市5种国家一级保护植物、15种国家二级保护植物、23种国家二级保护动物得到有效保护，生态系统持续安全稳定。严密防范生态环境风险。坚持危险废物、医疗废物收集、经营、处置全过程管控，全市危险废物利用处置率达到100%。

制定突发环境事件应急预案，完善应急物资储备，定期组织突发环境事件应急演练，突发环境事件急救能力有效提高。建立健全 PM2.5 和 O_3 等指标的大气监测网络，在重点领域增加水质、土壤、声环境质量监测点位，着力构建全市环境监测网络，严密防患环境风险，确保了近年来我市未发生重特大突发环境事件。

（3）强化红线保护，着力优化生态空间

一是划定并严守生态保护红线。按照优化开发、重点开发、限制开发、禁止开发的主体功能定位，严格划定全市生态保护红线，强化自然保护地监督管理，确保全市自然生态空间面积不减少、性质不改变、功能不降低。截至目前，全市划定生态保护红线 105.36 km^2，占全市国土总面积 3.61%。坚持建设项目选址生态保护红线核定制度，坚决否决不符合主体功能定位的开发活动，2019 年，累计核定并否决涉及生态保护红线拟建项目 23 个。

二是规范自然保护地监督管理。规范建设香山国家森林公园、沩山风景名胜区等各类自然保护地，全面做好自然保护地强化监督工作。扎实开展"绿盾"系列专项行动，全面排查整治环境问题 13 个。

三是推进河湖水域岸线保护。完成沩水河河道管理范围划定方案报批，并开展自然资源生态空间确权登记试点工作。完成 21 处河流、1 个闸坝湖的划界方案审查，主要河湖岸线得到有效保护。

（4）强化绿色发展，着力提升生态效益

一是聚焦资源节约集约利用。始终坚持节约、集约发展理念，强力推进亩均税收改革，切实提高亩均效益。2018 年，我市单位 GDP 能耗下降 4.72%，三年内累计下降达 15%。强化水资源管理，2018 年，单位地区生产总值用水量 57.0 m^3/ 万元，同比下降 19.4%。突出土地节约、集约利用，2018 年，单位国内生产总值建设用地使用面积下降率达 6.3%。

2012—2018 年，我市在淘汰落后产能 300 多万吨的情况下，地区生产总值从 732.5 亿元增长到 1 113.7 亿元，年均增长 10%。

二是聚焦推进产业循环发展。着力建立健全绿色低碳循环发展的经济体系，坚持走"产业引领、绿色崛起"的高质量发展之路。狠抓畜禽粪污资源化利用，建成粪污资源化利用中心 1 个，2019 年，全市畜禽养殖场粪便综合利用率达 80.85%；突出农业物资回收利用，2019 年，秸秆综合利用率达 90.2%，农膜回收率达 87.8%。狠抓一般工业固体废物减量化、资源化和无害化，2019 年一般工业固体废物综合利用率达 86%。

三是聚焦建设生态工业园。始终坚持把高端化、高附加值、低土地消耗、低能耗、低水耗作为园区发展方向，大力发展以新能源、环保新材料等为代表的高新技术制造业。在招商引资过程中，切实落实生态功能区规划，实施最严格环评、能耗审查制度，注重产业导向型和资源利用可持续性，优先引进科技型、规模型、低碳型的战略性新兴产业企业，切实降低园区环境风险，宁乡经开区获批国家级绿色园区，宁乡高新区获批国家节能环保新材料高新技术产业化基地。

（5）强化城乡统筹，着力改善生态生活

一是坚决确保农村饮用水安全。科学划定县级饮用水水源保护区 4 处、千吨万人饮用水水源保护区 4 处，集中式饮用水水源地水优良率达 100%，截至 2019 年，全市农村自来水覆盖人数 86.81 万人，普及率达 91.38%，村镇饮用水卫生合格率达 100%。

二是扎实推进农村人居环境综合整治。出台《宁乡市"五治"工作三年行动计划（2018—2020 年）》，着力打造干干净净、整整齐齐、清清爽爽的农村人居环境。建成污水管网 185 km，实现建制镇污水处理厂全覆盖，城镇污水处理率达 94.9%。持续推进城镇生活垃圾处理减量化、资源化和无害化，实现垃圾无害化收集转运处理全覆盖。强力推进农村"厕所革命"，截至 2019 年 12 月底，累计建成无害化户厕 253 513 户，农村无害化卫生厕所普及率达 87%。宁乡市农村人居环境整治工作受到 2019 年国务院真抓实干大督查激励表扬。

三是全力打造绿色生活方式。全面推广绿色建筑建设，2019 年度城镇新建绿色建筑比例达 77.63%。创新建立农村垃圾分类减量体系和工作机制，形成覆盖市、镇、村、组、户五级的垃圾分类投放收集转运网络，截至 2019 年 7 月，投放垃圾桶 511 423 个，聘请保洁人员 2 288 名，清运车辆 1 351 辆，建成村级分拣中心 169 个；2019 年成功创建长沙市垃圾分类卫生村 156 个。严格落实绿色政府采购政策，2019 年政府绿色采购比例达 91.27%。

（6）强化共建共享，着力培育生态文化

坚持全社会参与，构建党委领导、政府主导、企业主体、社会组织、公众参与的生态文明建设格局，凝聚起环境保护人人有责、人人参与的全民共识。2017 年以来，通过开展生态文明培训、生态文明建设知识讲座、中心组理论学习、干部培训班、实地考察等方式，宁乡市党政领导干部参加生态文明培训的人数比例达 100%。积极开展"徒步上沩山""政府送树、群众栽树""六五环境日""保卫蓝天""保护沩水母亲河""环保宣传进校园"等系列活动，群众获得感、满意度显著提升，全市形成了共建共治共享的生态文明建设强大合力。

二、宁乡市生态文明建设的主要启示

（1）筑牢"生态屏障"防线，保值增值自然资产

严格生态空间管控，全市自然保护地、风景名胜区、森林公园、湿地公园等受保护地区面积 467.55 km^2。按要求划定生态保护红线，坚持建设

项目选址生态保护红线核定制度。持续开展"绿盾"系列专项行动，香山公园完成总体规划修编并报国家林草部审批通过，全市10个突出问题完成整改销号。加强"三线一单"成果运用，推进河湖水域岸线保护，完成沩水河河道管理范围划定方案报批，开展沩水河道管理范围自然资源生态空间确权登记试点工作，完成楚江等河流及闸坝湖的划界方案审查，河湖岸线保护管理有效推进。

（2）勇担"生态建设"责任，构筑绿水青山根基

宁乡市成立了生态环境保护委员会，制定了生态环境保护责任规定，"党政同责、一岗双责"全面落实，形成了"党委领导、政府主导、企业主体、社会组织和公众共同参与"的环境治理体系。在蓝天保卫战方面，以"六控十禁"为抓手，统筹推进汽车尾气、渣土扬尘、油烟气体、燃气、工业废气"五气共治"，城区主次干道实现100%洒水降尘，工地扬尘污染防治落实"8个100%"措施，覆绿控尘2 860块32 768亩；天宁热电、南方水泥等重点涉气企业实现超低排放，完成三一重工等15家重点企业VOCs治理，完成"散乱污"企业全面整治；创新推出跨地区联防联控工作机制，成立大气污染防治联防联控联动领导小组，与益阳市赫山区共同协商，全力调度两地大气污染防治工作，实现两地信息共享、资源共享。2020年宁乡市空气优良率为96.7%，同比上升9.6%。

在碧水保卫战方面，按"排查、监测、溯源、整治"要求，全面摸清沩水河、靳江河入河排污口及其分布情况，建立入河排污口名录，实施入河排污口"口长制"；强力实施"碧水工程"，统筹推进防洪水、治污水、排涝水、保供水、抓节水"五水共治"，开展"劣Ⅴ类排口清零、城区化粪池清零、黑臭水体清零"三项整治行动；推进农村"厕所革命"，建设无害化户厕253 513户，农村无害化卫生厕所普及率91%以上；加强城区"四溪一渠"治理，清淤7 500 m，整治城区入沩排口108个，"四溪一

渠"168 个排污口完成整治；禁养区内 1 005 家规模养殖场全退出，建成八家湾水库并对城区"四溪一渠"实施生态补水，沩水水质从浊变清，由净到美，2019 年以来，沩水胜利国控断面水质稳定达到或优于Ⅲ标准，沩水河荣获 2021 年"湖南省美丽河湖优秀案例"称号。

在净土保卫战方面，开展土壤污染地块详查，推进污染地块生态管控、修复，相继完成双凫铺金河水库、龙田钒矿、横市望北峰石煤开采点、黄材月山石煤开采点、黄材水库周边历史遗留石煤矿等土壤修复与治理，完成双凫铺简桥水库石煤开采点、灰汤镇大坝塘石煤矿等的污染风险管控，全市污染地块安全利用率达到 90% 以上。

在静音保卫战方面，完成全市城市规划区声环境功能区划分，划分总面积 369.36 km^2，其中一类声环境功能区面积 12.52 km^2，二类声环境功能区面积 281.8 km^2，三类声环境功能区面积 75.04 km^2，四类声环境功能区为宁乡市城市规划区内主要城市主次干道、轻轨等两侧一定距离范围内区域，定期对各声环境功能区声环境进行监测监管，均符合国家标准。

（3）坚持"美好生活"导向，推进人居环境稳步改善

宁乡市以农村"五治"为主抓手，以农村垃圾污水治理、"厕所革命"和村容村貌提升为重点，按照"五美五化"要求、"六有六无"标准，全面提升、全面提质、全面提速美丽乡村建设工作。按照"五统一、四不准、三必改、两底线、一原则"的改厕模式全力推进农村厕所革命，成为全省农村改厕工作样板；有序推进生活垃圾资源化利用，新建镇级垃圾中转站 14 个，更新地埋式压塑设备 20 台，形成了"乡镇有回收站、村有回收点"的资源回收网络；推进全域整治小微水体治理，按照"无垃圾、无违建、无淤积、无损毁、无污染"的"五无"的管护目标，将全市 29 个乡镇小微水体管护纳入人居环境考核，成功创建菁华铺乡陈家桥村、双江口镇槎梓桥村、大屯营镇靳兴村 3 个市级小微水体管护示范

片区。按照"以点带面、全域推进"原则，加强全市农村环境综合整治，宁乡市农村环境综合整治整县推进项目于 2017 年通过省级联合验收，全市农村环境质量明显改善，2019 年，获评全国农村人居环境整治成效明显激励县。

参考文献

［1］叶谦吉.生态农业，农业的未来［M］.重庆：重庆出版社，1988.

［2］刘延春.关于生态文明的几点思考［J］.生态文化，2004（01）：20-23.

［3］申曙光.生态文明及其理论与现实基础［J］.北京大学学报（哲学社会科学版），1994（03）：31-37.

［4］潘岳.生态文明的前夜［J］.瞭望，2007（43）：38-39.

［5］牛文元.生态文明的理论内涵与计量模型［J］.中国科学院院刊，2013，28（02）：163-72.

［6］廖福霖.生态文明建设与构建和谐社会［J］.福建师范大学学报（哲学社会科学版），2006（02）：1-9.

［7］张旭.基于可持续发展理论的资源型城市人居环境综合评价研究［D］.大连：辽宁师范大学，2021.

［8］康晓辉.基于可持续发展理论的京津冀建筑产业化发展水平评价研究［D］.北京：北京建筑大学，2020.

［9］李斌.基于可持续发展的我国环境经济政策研究［D］.青岛：中国海洋大学，2007.

［10］吴春梅.循环经济发展模式研究及评价体系探讨［D］.青岛：山东科技大学，2005.

［11］陈彬颖.循环经济视域下的泉州市土地可持续利用研究［D］.泉州：华侨大学，2015.

［12］郭有红.基于循环经济理论的湖南省土地可持续利用研究［D］.长沙：湖南大学，2015.

［13］王文婕.平江县生态承载力初步研究［D］.长沙：湖南农业大学，2015.

［14］魏晋.成都平原人地系统协同性研究［D］.雅安：四川农业大学，2012.

［15］闫二旺，田越.中国特色生态工业园区的循环经济发展路径［J］.经济研究参考，2016（39）：77-83.

［16］杨顺顺.习近平生态文明思想的历史演进、逻辑框架及湖南实践［J］.毛泽东研究，2020，（06）：30-40.

［17］张伏中，刘灿，熊曦，等.湖南省生态强省建设成效分析及对策研究［J］.环境生态学，2021，3（6）：99-102.

［18］蔡青，张伏中，刘灿，等.生态文明示范创建的实践与探索：以湖南省为例［J］.环境生态学，2021，3（6）：95-98.

［19］张伏中，刘灿，熊曦，等.生态文明建设示范市县建设指标分析与探讨——以湖南省为例［J］.环境生态学，2021，3（9）：98-102.

［20］任建兰，王亚平，程钰.从生态环境保护到生态文明建设：四十年的回顾与展望［J］.山东大学学报（哲学社会科学版）.2018，（06）：27-39.

［21］胡锦涛在中国共产党第十八次全国代表大会上的报告［EB/OL］.（2012-11-18）［2021年3月1日］.http://cpc.people.com.cn/n/2012/1118/c64094-19612151.html.

［22］中国共产党第十八届中央委员会第三次全体会议公报［EB/OL］.（2013-11-12）［2021年3月1日］.http://www.xinhuanet.com/politics/2013-11/12/c_118113455.htm.

［23］中共十八届五中全会公报［EB/OL］.（2015-10-29）［2021年3月1日］.https://www.ccps.gov.cn/zt/xxddsbjwzqh/zyjs/201812/t20181211_118164.shtml.

［24］习近平在中国共产党第十九次全国代表大会上的报告［EB/OL］.（2017-10-28）［2021年3月1日］.http://cpc.people.com.cn/n1/2017/1028/c64094-29613660-11.html.

［25］生态环境部关于印发《国家生态文明建设示范市县建设指标》《国家生态文明建设示范市县管理规程》和《"绿水青山就是金山银山"实践创新基地建设管理规程（试行）》的通知［EB/OL］.（2019-09-11）［2021年3月1日］.http://www.mee.gov.cn/xxgk2018/xxgk/xxgk03/201909/t20190919_734509.html.

［26］李干杰.深入学习贯彻习近平生态文明思想坚决打好污染防治攻坚战［J］.行政管理改革，2019（11）：4-11.

［27］陈健鹏,高世楫.我国促进生态产品价值实现相关政策进展［J］.发展研究，2020（2）：57-69.

［28］胡长清，邹冬生，宋敏.湖南省生态公益林补偿现状及其机制探讨［J］.农业现代化研究，2013，34（2）：202-205.

［29］王小艳.发展绿色金融助力湖南高质量发展［J］.中国市场，2020（13）：27-28.

［30］张震，杨茗皓.论生态文明入宪与宪法环境条款体系的完善［J］.学习与探索，2019（2）：85-92.

［31］秦天宝，苏芸芳.制定《生态文明建设促进法》的必要性与可行性［J］.环境与可持续发展，2019，44（4）：8-10.

［32］黄润秋.以示范创建为抓手深入推进生态文明建设［J］.中国生态文明，2019（1）：6-9.

［33］颜复文."两山"理论的郴州实践路径［J］.环境生态学，2021，3（01）：94-97.

［34］高聚林，姚凤桐，葛健，等.新时代乡村振兴承载生态文明建设的理论与实践探索［J］.内蒙古农业大学学报（社会科学版），2019，21（6）：1-6.

［35］虞慧怡，张林波，李岱青，等.生态产品价值实现的国内外实践经验与启示［J］.环境科学研究，2020，33（3）：685-690.

［36］吕尤，佳褚阔.盘锦市创建国家生态文明建设示范市的实践与探索［J］.环境保护与循环经济.2020，40（4）：89-90.

［37］何祥亮，许克祥.芜湖县国家级生态文明建设示范县创建差距及对策分析［J］.环境与可持续发展，2018，43（4）：123-126.

［38］韩璐，李明月，闫晓寒，等.生态文明建设规划方案编制探索：以浙江省文成县为例［J］.环境工程技术学报，2019，9（1）：53-60.

［39］李庆瑞.以生态文明理念指导雄安新区规划建设［J］.中国生态文明，2017（2）：11-13.

［40］毛惠萍，何璇，何佳等.生态示范创建回顾及生态文明建设模式初探［J］.应用生态学报，2013，24（4）：1177-1182.

［41］中共中央办公厅、国务院办公厅《关于设立统一规范的国家生态文明试验区的意见》［EB/OL］.http：//www.gov.cn/gongbao/content/2016/content_5109307.htm，

2016 年 8 月 22 日.

[42] 周生贤.以中央领导同志重要指示精神为统领开创生态文明建设示范区工作新局面—在全国生态文明建设现场会上讲话(2014 年 5 月 20 日)[N].中国环境报，2014-5-22（001）.

[43] 刘青松.生态文明示范创建的几种典型模式[J].环境与可持续发展，2020，45（6）：190-192.

[44] 熊曦.基于 DPSIR 模型的国家级生态文明先行示范区生态文明建设分析评价——以湘江源头为例[J].生态学报，2020，40（14）：5081-5091.

[45] 陈盼，施晓清.基于文献网络分析的生态文明研究评述[J].生态学报，2019，39（10）：3787-3795.

[46] 刘衍君，张保华，曹建荣，等.省域生态文明评价体系的构建——以山东省为例[J].安徽农业科学，2010，38（7）：3676-3678.

[47] 黄娟，王惠中，孙兆海，等.江苏生态文明建设指标体系研究[J].环境科学与管理，2011，36（12）：157-161.

[48] 白杨，黄宇驰，王敏，等.我国生态文明建设及其评估体系研究进展[J].生态学报，2011，31（20）：6295-6304.

[49] 毕京京.厚植新时代生态文化的路径选择[J].人民论坛，2019（22）：130-131.

[50] 崔书红.生态文明示范创建实践与启示[J].环境保护，2021，49（12）：34-38.

后记

　　在本书编写过程中，得到了湖南省生态环境厅自然生态保护处以及各地市州生态环境局领导的大力支持，另外本书的编写还得到了湖南省社会科学院杨顺顺副研究员、中南林业科技大学熊曦副教授、湖南农业大学胡龙兴副教授、湖南科技学院黄渊基教授以及湖南省环境保护科学研究院蔡青、夏海、钱文涛、苏艳蓉、范翘、谭诗杨、宋江燕、王本涛的帮助，现一并表示感谢！

张伏中

2021 年 9 月

于湖南省环境保护科学研究院